ZEITSCHRIFT FÜR ANGEWANDTE GEOLOGIE

HERAUSGEGEBEN VON
DER STAATLICHEN GEOLOGISCHEN KOMMISSION
UND DER ZENTRALEN VORRATSKOMMISSION
DER DEUTSCHEN DEMOKRATISCHEN REPUBLIK

XXI GEOLOGORUM CONVENTUS · NORVEGIA · ISLANDIA · SUECIA · DANIA · FENNIA · 19 60 · MENTE ET MALLEO

XXI. Internationaler Geologenkongreß
Kopenhagen, 15. bis 25. August 1960

AUS DEM INHALT

AKADEMIE-VERLAG · BERLIN

BAND 6 / HEFT 5
MAI 1960
SEITE 193—248

Die ZEITSCHRIFT FÜR ANGEWANDTE GEOLOGIE berichtet ständig ausführlich über folgende Arbeitsgebiete: Geologische Grundlagenforschung und Lagerstättenforschung / Methodik der geologischen Erkundung / Ökonomie und Planung der geologischen Erkundung / Technik der geologischen Erkundung / Geologie und Lagerstättenkunde im Ausland / Bibliographie, Verordnungen, Richtlinien, Konferenzen, Personalnachrichten

Die ZEITSCHRIFT FÜR ANGEWANDTE GEOLOGIE ist kein Organ einer engen Fachgruppe. Auf ihren Seiten können alle strittigen Fragen der praktischen Geologie behandelt werden. Die Autoren übernehmen für ihre Aufsätze die übliche Verantwortung.

ZEITSCHRIFT FÜR ANGEWANDTE GEOLOGIE

CHEFREDAKTEUR: PROF. DR. E. LANGE

BAND 6 · MAI 1960 · HEFT 5

Feststellung der gesetzmäßigen Verteilung nutzbarer Bodenschätze auf dem Territorium der UdSSR[1)]

W. I. SMIRNOW, Moskau

Die bedeutenden volkswirtschaftlichen Aufgaben stellen auch an die sowjetischen Geologen hohe Anforderungen. Dazu gehört vor allem die Untersuchung der gesetzmäßigen Verteilung nutzbarer Bodenschätze auf dem Territorium der Sowjetunion.

Die Lösung dieses Problems wurde vor ungefähr fünf Jahren vom Akademiemitglied N. S. SCHATSKIJ als vordringlich bezeichnet und 1959 auf der Hauptversammlung der Akademie der Wissenschaften der UdSSR als aktuellste Richtlinie in der Entwicklung der geologischen Wissenschaft anerkannt. Die Lagerstätten nutzbarer Bodenschätze sind nach bestimmten Gesetzen verteilt, die durch die Geschichte der geologischen Entwicklung und durch die damit verbundene physikalisch-chemische Charakteristik der Mineralbildung bedingt sind. Die gesetzmäßigen Zusammenhänge zwischen der Lokalisierung von nutzbaren Bodenschätzen und den verschiedenen geologischen Prozessen sind jedoch derart kompliziert und differenziert, daß sogar eine zielgerichtete Untersuchung mit den modernsten Methoden nicht immer eine vollständige und eindeutige Aufdeckung dieser Zusammenhänge gestattet. Die Feststellung der natürlichen Gesetzmäßigkeiten der Verteilung von Lagerstätten nutzbarer Bodenschätze ist also ein wichtiges Problem, dessen Bearbeitung die kollektive Zusammenfassung vieler Geologen erfordert. Die Bestimmung dieser Gesetzmäßigkeiten schafft die wissenschaftliche Grundlage für die planmäßige geologische Prospektion und gewährleistet eine hohe wirtschaftliche Effektivität dieser Arbeiten. Die Feststellung dieser Gesetzmäßigkeiten gewinnt auch deshalb eine große Bedeutung, weil sich die Anzahl der relativ leicht aufzufindenden Lagerstätten bekanntlich verringert und vor uns die Aufgabe steht, neue abbauwurdige mineralische Rohstoffe auch in Gebieten mit komplizierten geologischen Verhältnissen zu finden. Diese Lagerstätten konzentrieren sich in der Teufe und treten nicht zutage aus. Auch sind hier oft verwickelte Struktur-Fazieselemente festzustellen. Die Lösung dieser Aufgabe wird weiterhin dadurch kompliziert, weil Prognosen für die Auffindung solcher Lagerstätten mineralischer Rohstoffe aufzustellen sind, die vor allem eine hohe Qualität aufweisen, in den wirtschaftlich zugänglichen Bezirken liegen und sich für die Anwendung moderner Abbauverfahren eignen.

In einigen Zweigen der Bergbauindustrie, z. B. in der Buntmetallurgie, werden bei uns im Vergleich zu kapitalistischen Ländern Erze von weitaus niedrigerer Qualität verarbeitet. Eine Erhöhung des Bleigehaltes in einem Handelsbleierz um nur insgesamt 0,5—0,7% kann bereits die Arbeitsproduktivität in der Bleiindustrie um 15—20% steigern. Deshalb hat die Versorgung unserer Bergbauindustrie mit neuen Vorräten mineralischer Rohstoffe mit erhöhten Gehalten an wertvollen Komponenten eine besonders große Bedeutung.

Der Zusammenhang zwischen den verschiedenen Lagerstätten nutzbarer Bodenschätze und anderen geologischen Faktoren, die die natürlichen Gesetzmäßigkeiten ihrer räumlichen Verteilung bestimmen, ist nicht nur für die Praxis, sondern auch für die Vervollständigung der Theorie über die Bildung nutzbarer Bodenschätze wichtig. Eine Analyse der regionalen Lagerstättenverteilung, verbunden mit einer strukturell-faziellen Unterteilung des betrachteten Gebietes, deckt viele wesentliche Züge der Genesis solcher Lagerstätten auf.

Die Geologen der Sowjetunion beschäftigen sich seit langem mit den Gesetzmäßigkeiten der räumlichen Verteilung der Lagerstätten. Dieses Interesse wird durch die ungewöhnlich günstigen Bedingungen der Lagerstättenbildung eines großen Teiles unseres Landes unterstützt, in dem sich geologische Formationen und tektonische Strukturen vom archaischen bis zum alpidischen Zyklus entwickelt haben. Hier treten auch verschiedenartige und oft einmalige Lagerstätten der verschiedensten genetischen Typen auf.

Der bedeutende sowjetische Forscher W. A. OBRUTSCHEW beschaftigte sich in den zwanziger Jahren mit diesem interessanten und aktuellen Problem. Er trennte die archaischen, eozoischen, kaledonischen, herzynischen, tjanschansker und mesozoischen metallogenetischen Epochen Sibiriens mit den zu ihnen gehörenden endogenen und exogenen Lagerstätten und die diesen Epochen entsprechenden metallogenetischen Gebiete und Bezirke. Später, in den dreißiger Jahren, erkannte W. A. OBRUTSCHEW die geologischen Voraussetzungen der Verteilung der wichtigsten Bodenschätze — getrennt für Schilde, Tafeln und Geosynklinalen. In den vierziger Jahren, in denen die sowjetische Regierung die Akademie der Wissenschaften der UdSSR besonders auf die Notwendigkeit der Ausarbeitung von geologischen Prognosen hingewiesen hatte, arbeitete er an dem allgemeinen Problem der geologischen Gesetzmäßigkeiten und Prognosen[2)].

1) Aus: „Iswestija Akademii Nauk SSSR“, Serija geologitscheskaja, 1959, Nr. 9, S. 3—11 (redaktionell bearbeitet und gekürzt). Übers.: Dr. BINTIG.

2) s. „Sowjetskaja Nauka“, 1940, Nr. 5.

A. E. FERSMAN versuchte auf geochemischer Grundlage die Gesetze zu finden, die die Verteilung der verschiedenen Erze, sowohl auf dem Gebiet der Sowjetunion im ganzen als auch innerhalb einzelner Provinzen, bestimmen. Seine Beschreibung der regionalen Zonenstruktur der Metallführung des Mongolisch-Ochotskischen Gürtels diente S. S. SMIRNOW, dem Begründer der sowjetischen Metallogenese, als Grundlage für die Untersuchungen über die regionale Erzführung des östlichen Sibiriens. Ein bedeutender Teil des wissenschaftlichen Schaffens S. S. SMIRNOWs ist verbunden mit seinen Untersuchungen über die Gesetzmäßigkeiten der Verteilung von Erzlagerstätten im östlichen Transbaikal, im Werchojansker Gebiet und im gesamten pazifischen metallogenetischen Gürtel. J. A. BILIBIN führte die Arbeiten S. S. SMIRNOWs weiter und entwickelte seine bekannte Konzeption von den Gesetzmäßigkeiten der Bildung und Verteilung endogener nutzbarer Lagerstätten in mobilen Zonen der Erdrinde während der Umwandlung von Geosynklinalen in Faltungsgürtel.

In den Arbeiten von P. I. STEPANOW werden die geologischen Gesetzmäßigkeiten der territorialen Verteilung von Kohlenlagerstätten behandelt, die Verteilung der Erdöllagerstätten wurde von I. M. GUBKIN beschrieben.

Besonders intensiv wurde jedoch in den letzten Jahren die Verteilung nutzbarer Lagerstätten untersucht. Nach Angaben des Rates für das Studium der Gesetzmäßigkeiten der Verteilung der wichtigsten nutzbaren Bodenschätze bei der Abteilung für geologisch-geographische Wissenschaften der Akademie der Wissenschaften der UdSSR wird dieses Problem in den verschiedenen wissenschaftlichen geologischen Forschungsorganisationen unseres Landes durch 620 Themen bearbeitet.

Das umfangreiche, unerschöpfliche Material über die Geologie der verschiedenen nutzbaren Bodenschätze, das bei geologischen Erkundungsarbeiten und durch den Bergbau in unserem Lande unter der Sowjetmacht gesammelt wurde, erforderte besondere Methoden, die zu einer massenhaften Verarbeitung dieses Materials geeignet sind. Eine von diesen effektiven Methoden der Synthese des verschiedenartigen Materials ist die Anfertigung von Übersichtskarten der tatsächlichen und der möglichen Verteilung nutzbarer Lagerstätten. Solche Karten, die die Bedingungen für die Bildung nutzbarer Bodenschätze zeigen, bereichern die Wissenschaft und schaffen eine verläßliche Basis für eine planmäßige Lenkung der geologischen Erkundungsarbeiten.

Die Feststellung der Gesetzmäßigkeiten in der Verteilung der verschiedenen Gruppen nutzbarer Bodenschätze in einer bestimmten geologischen Situation fördert die allseitige Entwicklung der theoretischen Grundlagen der Geologie. Für diese Gruppen und für spezifische geologische Verhältnisse, die die Bildung dieser Rohstoffe bestimmen, ist naturgemäß eine umfassende geologische Forschung erforderlich. Deshalb kann man ohne die gemeinsamen Anstrengungen der Geologen der verschiedenen wissenschaftlichen Richtungen dieses Problem nicht lösen.

Stratigraphische Forschungen können unsere Vorstellungen von den allgemeinen und — was besonders wichtig ist — von den örtlichen Bildungsbedingungen der exogenen Lagerstätten nutzbarer Bodenschätze vervollständigen. Ohne derartige Untersuchungen wie die von N. M. STRACHOW über Bildungsbedingungen sedimentärer Eisen-, Mangan- und Aluminiumerze oder das Schema von P. I. STEPANOW über die Stratigraphie der Kohlenbildung wäre keine Erforschung der Gesetzmäßigkeiten der Verteilung von Lagerstätten nutzbarer Bodenschätze möglich. Paläogeographische und paläoklimatische Analysen, die bisher noch ungenügend zur Untersuchung dieser Gesetzmäßigkeiten herangezogen wurden, werden für die Klärung der Bildung und Verteilung von Kohlenlagerstätten und teilweise auch für Erdöl- und Gasansammlungen außerordentlich wichtig sein.

Die umfassenden Untersuchungen über die Bildung von Sedimentgesteinen unter Leitung von N. S. SCHATSKIJ lassen ungeachtet der Kritik einiger Geologen interessante Ergebnisse über die Verteilung der verschiedenartigen exogenen Lagerstätten nutzbarer Bodenschätze erwarten. Auch die Methode der vergleichenden petrographischen (faziellen) Analyse, die von N. M. STRACHOW vertreten wird, verdient Unterstützung. Bis heute kann also auf einem sich derartig intensiv entwickelnden Gebiet noch keine Untersuchungsmethode einer anderen vorgezogen werden. Dieses Forschungsgebiet läßt viele Möglichkeiten für die verschiedenen Untersuchungsverfahren zu. Die Methoden können nur an Hand der praktischen Ergebnisse der Auffindung neuer mineralischer Rohstoffquellen beurteilt werden. Zur Bestimmung von Besonderheiten bei der Verteilung solcher Gruppen von nutzbaren Bodenschätzen, die an Seifen und Bildungen der Verwitterungskruste gebunden sind, behält weiterhin die geomorphologische Analyse, die von J. A. BILIBIN, I. S. ROSHKOW und anderen Geologen erfolgreich angewendet wird, ihre volle Bedeutung.

Zur Untersuchung der räumlichen Gesetzmäßigkeiten von Lagerstätten nutzbarer Bodenschätze wurde die Geochemie bisher leider wenig herangezogen, obwohl sie die regionale Verbreitung der einzelnen Elemente und ihrer paragenetischen Assoziationen sowie die der exogenen und endogenen Lagerstätten mineralischer Rohstoffe klären helfen könnte. Geophysikalische Methoden werden nur in geringem Umfang für die Untersuchung tiefer Teile der geologischen Strukturen für diese Zwecke eingesetzt. Die stärkere Anwendung geophysikalischer und anderer Methoden mit Hilfe der modenen Technik, Physik und Mechanik könnte bei der Untersuchung der Eigenschaften der verschiedenen Gesteinskomplexe auf neue Art das Problem der gesetzmäßigen Verteilung nutzbarer Bodenschätze klären.

Von sowjetischen und ausländischen Forschern wurde viel getan, um die Zusammenhänge zwischen der Bildung und der Verteilung von Eruptivgesteinen und endogenen Lagerstätten nutzbarer Bodenschätze aufzudecken. Davon zeugen die Arbeiten A. N. SAWARIZKIJs, S. S. SMIRNOWs, JU. A. BILIBINs, CH. M. ABDULLAJEWs und anderen. Diese Arbeitsrichtung wird von nun an hauptsächlich für die Untersuchung der Lagerstätten magmatischer Entstehung angewendet. Die erfolgreiche Lösung dieses Problems wird aber ohne weitere Fortschritte der Petrologie nicht möglich sein.

Die größte Bedeutung für die Feststellung der Verteilung fast aller Gruppen von nutzbaren Bodenschätzen hat die Tektonik. Die Untersuchung der tektonischen Bedingungen der Bildung, Dislokation und Verteilung der Lagerstätten nutzbarer Bodenschätze liefert in fast allen Fällen dem Forscher den Schlüssel zur Klärung der regionalen Metall-, Kohle-, Erdöl- und Gasführung.

Wichtig für diese Zwecke ist nicht so sehr die beschreibende Tektonik, die die gegenwärtige Ausbildung der geologischen Strukturen behandelt, als vielmehr die historische Tektonik, die die Entwicklung der tektonischen Formen vom ursprünglichen bis zum jetzigen Zustand aufdeckt. Nur der historische Aspekt einer tektonischen und strukturell-faziellen Analyse, sowohl im großen Maßstab als auch im engeren Rahmen, ist in der Lage, die Gesetze des Ursprungs und der Verteilung von Lagerstätten aufzuklären. Aus diesem Grund sind auch die Vertreter der angewandten Geologie so stark an den Erfolgen dieses Zweiges der Geologie interessiert und verfolgen aufmerksam seine Entwicklung.

Die Ausarbeitung der theoretischen Grundlagen für die Verteilung der Lagerstätten ist mit der Anfertigung von Karten verbunden, die die festgestellte und die erwartete (prognostische) Verbreitung der verschiedenen Typen von nutzbaren Bodenschätzen zeigen. Die Zusammenfassung aller geologischen Daten auf diesen Karten, die die Verteilung und vermutete Entwicklung der Lagerstätten mineralischer Rohstoffe darstellen, stellt die Hauptmethode für die Arbeit an dem hier betrachteten Problem dar.

Die Erfolge bei der geologischen Kartierung des Territoriums der Sowjetunion dienen zur Erarbeitung der geologischen Grundlage für die Karten der festgestellten und der erwarteten Verbreitung nutzbarer Bodenschätze (Prognosenkarten). Wie die Erfahrungen der Geologen der Kasachischen Akademie der Wissenschaften, die unter Leitung von K. I. SATPAJEW arbeiten, zeigen, trägt schon eine einfache Eintragung der Punkte der Erzlagerstätten in die geologische Karte (aufgeteilt nach Altersgruppen und Formationen) sehr zum Verständnis für das Vorhandensein nutzbarer Schwarz-, Bunt- und seltener Metalle bei. Um die Gesetzmäßigkeiten der Verteilung von nutzbaren Bodenschätzen jedoch besser zu zeigen, muß die geologische Grundlage der Karten in erster Linie mit den gesetzmäßigen Elementen der Geologie übereinstimmen. Als Beispiel mögen die Prognosenkarten für die Erdöl- und Gasführung des östlichen Kaukasusvorlandes dienen, die von I. O. BROD und seinen Mitarbeitern angefertigt wurden. Auf diesen Karten sind die Gesteine nach ihren gemeinsamen Eigenschaften und die geologischen Strukturen nach ihrer Eignung für die Erdöl- und Gasspeicherung dargestellt.

Mit der Ausarbeitung einer Methodik für derartige Karten sind viele unserer wissenschaftlichen Forschungs- und Industrieorganisationen beschäftigt. So sehen z. T. die Geologen, die die Gesetzmäßigkeiten der Verteilung von nutzbaren Bodenschätzen in Sedimentgesteinen untersuchen, die Anfertigung von petrographisch-faziellen Karten als wichtig an. Die Erfahrung zeigt, daß die Prognosenkarten für die Verbreitung der nutzbaren Bodenschätze genügend begründet werden können, wenn neben den festgestellten Lagerstätten auch alle Anzeichen und Vorkommen anderer nutzbarer Bodenschätze festgehalten sind. Diese Karten — als tatsächliches Material für die Karten der Verbreitung nutzbarer Bodenschätze — sind ebenso wichtig wie die Karten der tatsächlichen Werte bei der geologischen Kartierung.

Die Karten der Verbreitung nutzbarer Bodenschätze können umfassender oder einfacher Art sein. Auf den zusammenfassenden Karten werden alle oder einige Gruppen von nutzbaren Bodenschätzen dargestellt, die aus einem Gebiet bekannt sind, auf den einfachen Karten nur die Verbreitung von Lagerstätten bestimmter mineralischer Rohstoffe. Die komplexen Karten eignen sich für die Aufdeckung der territorialen Zusammenhänge der Lagerstätten verschiedener Bodenschätze, sind aber für eine Prognose der Verbreitung einzelner Arten von mineralischen Rohstoffen ungeeignet. Am zweckmäßigsten sind Karten von Bodenschätzen, die paragenetisch eng miteinander verbunden sind (z. B. Erdöl und Gas, Molybdän, Wolfram und Zinn und — für einige Gebiete — Arsenkies und Gold u. ä.). Einfache Karten sind zahlreicher als komplexe verbreitet, besonders für die Aufdeckung der Gesetzmäßigkeiten der Verbreitung von nutzbaren Bodenschätzen im großen Maßstab. Die Eintragung der Punkte über nutzbare Bodenschätze auf solchen Karten ist nicht einfach; denn es müssen eine Reihe von Kennziffern erfaßt werden, wie Alter, Ausmaße, mineralische und chemische Zusammensetzung, genetischer Typ usw. Vollständig gesetzmäßig erfolgt auch die Ausarbeitung der Verbreitungskarten von Lagerstätten einzelner genetischer Typen (z. B. Infiltrationslagerstätten auf geologisch-hydrogeologischer Grundlage, Verbreitung von Pegmatiten, Skarnen usw.).

Jede Karte hat nur dann Wert, wenn auf ihr nicht nur die Punkte bekannter Lagerstätten eingetragen sind, sondern auch die Umrisse der Flächen mit der festgestellten und der vermuteten Abbauwürdigkeit. Die Maßstäbe der betrachteten Karten können für verschiedene Zwecke unterschiedlich sein.

Die Übersichtskarten der Verteilung von Lagerstätten nutzbarer Bodenschätze für das ganze Territorium der Sowjetunion oder für große Teile von ihr müssen durch die zentralen wissenschaftlichen Forschungsstellen der Akademien und ihrer Zweiginstitute angefertigt werden. Dafür sind die Materialien des Allunions-Geofonds des Ministeriums für Geologie und Lagerstättenschutz der UdSSR, die territorialen geologischen Fonds und die Ergebnisse der Untersuchungen anderer zentraler und örtlicher geologischer Organisationen heranzuziehen.

Die Karten mittleren Maßstabes für einzelne Provinzen, Becken und Gebiete müssen hauptsächlich von den örtlichen wissenschaftlichen Forschungs- und geologischen Betriebszentren mit Unterstützung durch einzelne Gruppen von Wissenschaftlern der zentralen Institute angefertigt werden.

Die Karten großen Maßstabes der Verbreitungsgebiete nutzbarer Bodenschätze schließlich müssen von den örtlichen geologischen Betriebsorganisationen unter Teilnahme qualifizierter Spezialisten der wissenschaftlichen Forschungsinstitute angefertigt werden. Für viele Karten dieses Maßstabes ist eine vollständige quantitative Prognose möglich. Diese gestattet, die zu erwartende Vergrößerung der mineralischen Rohstoffbasis des Gebietes durch den Aufschluß neuer Lagerstätten in Zahlen auszudrücken.

Die Anfertigung von Karten in verschiedenen Maßstäben erfordert nicht nur die Systematisierung des im eigenen Lande vorhandenen Materials, sondern muß auch die Erfahrungen aller anderen Länder der Welt berücksichtigen. Es ist auch durchaus möglich, daß die Anfertigung von Karten der Verteilung der verschiedenen Lagerstättentypen nutzbarer Bodenschätze für einzelne Kontinente und für die ganze Erde gefordert wird. Eine solche Arbeit im Rahmen der gegenwärtigen internationalen Geologenvereinigungen könnte zweifellos zu einer intensiveren Untersuchung der natürlichen Gesetzmäßigkeiten der Verteilung von Lagerstätten beitragen.

Wir haben in der zurückliegenden Zeit viele Erfahrungen für die Anfertigung von Karten der tatsächlichen und zu erwartenden Verbreitung der verschiedenen nutzbaren Bodenschätze gewonnen. Früher wurden Karten der Erdöl- und Kohlenführung des Territoriums der Sowjetunion vorbereitet. Auch für verschiedene Gebiete der UdSSR wurden Serien von Karten (metallogenetische Karten, Karten für die Kohlen-, Erdöl- und Gasführung und für die Verbreitung einiger Gruppen nichtmetallischer Bodenschätze, Phosphorite, Salze u. ä.) und einzelne Karten angefertigt, die die Verbreitung von Gold in den Erzprovinzen unseres Landes charakterisieren. Gegenwärtig wird an einer metallogenetischen Karte für Eisen gearbeitet. Bis heute wurde diese Arbeit jedoch nur sehr unvollständig, ohne einheitlichen Plan und ohne allgemeine methodische Grundlagen durchgeführt. Künftig ist eine planmäßige und systematische Arbeit zur Anfertigung von Karten der tatsächlichen und der erwarteten Verbreitung von Lagerstätten nutzbarer Bodenschätze für die wichtigsten Provinzen unseres Landes notwendig.

Für den gegenwärtigen Siebenjahrplan könnte das Kollektiv der sowjetischen Geologen die Verpflichtung übernehmen, Übersichts- und Prognosenkarten der Verbreitung der wichtigsten nutzbaren Bodenschätze in kleinem bzw. mittlerem Maßstab anzufertigen. Daneben müssen in dieser Zeit die Übersichtskarten der Sowjetunion für Erzlagerstätten, Kohle und Erdöl fertiggestellt werden.

Gleichzeitig mit der Anfertigung von Übersichtskarten und Karten mittleren Maßstabes für das ganze Territorium der Sowjetunion oder für die großen Erzprovinzen, die Kohlenbecken sowie die erdöl- und gasführenden Gebiete wird eine detaillierte Kartierung erfolgen, die die Gesetzmäßigkeiten der Verteilung von nutzbaren Bodenschätzen in den wichtigsten Gebieten zeigen wird.

Gegenwärtig gibt es keine eindeutig bestimmte, allgemein anwendbare Methodik für die Analyse der Gesetzmäßigkeiten der Verteilung nutzbarer Bodenschätze und für die Anfertigung von Karten, die diese Gesetzmäßigkeiten widerspiegeln. Jedoch ist bereits jetzt die Herausgabe von methodischen Empfehlungen (wenn nicht Handbüchern), die sich aus den vorliegenden Erfahrungen ergeben, notwendig. Diese methodischen Hinweise müssen in erster Linie für metallogenetische Karten mittleren Maßstabes der erzführenden Provinzen der Faltungsgebiete sowie alter Tafeln und nicht aufgeschlossener Gebiete ausgearbeitet werden; ferner für Karten mittleren Maßstabes der Kohle- und Erdölführung einzelner Becken und Gebiete und für die detaillierte Kartierung verschiedener Gruppen nutzbarer Bodenschätze nach ihren wichtigsten Konzentrationspunkten.

Die Lösung des Problems der gesetzmäßigen Verteilung von Lagerstätten nutzbarer Bodenschätze in der UdSSR ist nur durch ein Geologenkollektiv aus wissenschaftlichen Instituten und aus der Praxis möglich. Im Zusammenhang damit soll hier daran erinnert werden, daß auf der wissenschaftlichen Tagung über metallogenetische und Prognosenkarten im vergangenen Jahr empfohlen wurde, in allen geologischen Verwaltungen verstärkte Spezialtrupps für Fragen der Prognose und Metallogenese zu bilden. Auf der Tagung wurde weiterhin empfohlen, die Anfertigung von metallogenetischen Prognosenkarten zu einem Bestandteil der geologischen Aufnahmearbeit werden zu lassen und bei der systematischen geologischen Kartierung der Erzprovinzen im Maßstab 1:100000 bis 1:200000 die Anfertigung von metallogenetischen Prognosenkarten in Form von Meßtischblättern als letzte Etappe der Arbeit der Aufnahmegeologen zu betrachten.

Zur Organisierung der kollektiven Arbeit wurde ein wissenschaftlicher Rat für die Untersuchung der gesetzmäßigen Verbreitung der wichtigsten nutzbaren Bodenschätze und entsprechende zentrale und örtliche Kommissionen geschaffen. Der wissenschaftliche Rat wurde auf Grund der Empfehlungen der Kommission für Fragen der Verbreitung nutzbarer Bodenschätze, die von N. S. SCHATSKIJ geleitet wurde, gebildet. Dem Rat gehören Vertreter der Akademie der Wissenschaften der UdSSR, der Akademien der Wissenschaften der Unionsrepubliken, des Ministeriums für Geologie und Lagerstättenschutz der UdSSR sowie der Hochschulen an. Der Rat, der unter dem Vorsitz von Akademiemitglied D. J. SCHTSCHERBAKOW steht, leitet jetzt die Tätigkeit folgender fünf Zentralkommissionen:

1. nutzbare sedimentäre Bodenschätze
(Leiter: Akademiemitglied N. S. SCHATSKIJ);
2. nutzbare endogene Bodenschätze
(Leiter: Prof. G. A. SOKOLOW);
3. seltene Elemente
(Leiter: Korrespondierendes Mitglied der Akademie der Wissenschaften der UdSSR K. A. WLASOW);
4. Erdöl- und Gaslagerstätten
(Leiter: Korrespondierendes Mitglied der Akademie der Wissenschaften der UdSSR M. F. MIRTSCHINK);
5. Kohlenlagerstätten
(Leiter: Korrespondierendes Mitglied der Akademie der Wissenschaften der UdSSR I. I. GORSKIJ).

Eine wesentliche Bedingung für einen normalen Arbeitsablauf ist die rechtzeitige Veröffentlichung grundlegender wissenschaftlicher und praktischer Resultate. Wünschenswert wären folgende Veröffentlichungen in dieser Richtung:

1. Abhandlungen (begonnen unter der Redaktion von N. S. SCHATSKIJ);
2. informatorische Berichte;
3. Serien von methodischen Anleitungen zur Anfertigung von Karten der festgestellten und zu erwartenden Verbreitung der verschiedenen Gruppen mineralischer Rohstoffe in verschiedenen Maßstäben.

Im Zusammenhang damit, daß die Untersuchung der Gesetzmäßigkeiten der Verteilung nutzbarer Bodenschätze als das zentrale Problem der geologischen Forschung angesehen wird, müssen ihr unsere geologischen Zeitschriften weitaus mehr Aufmerksamkeit und Platz widmen, als das bisher der Fall war. Schließlich muß auch eine Druckanweisung für Karten der festgestellten und prognostischen Verteilung von Lagerstätten nutzbarer Bodenschätze aufgestellt werden.

Die kollektive Mitarbeit vieler Geologen an der Lösung dieses wichtigen Problems wird zweifellos zur

Entdeckung neuer großer, nutzbarer Lagerstätten führen und zur Festigung der materiellen Basis des Aufbaus des Kommunismus in unserem Lande beitragen.

Zusammenfassung

Die Feststellung der gesetzmäßigen Verteilung nutzbarer Bodenschätze wurde, nachdem sich die Geologen der Sowjetunion schon lange mit dieser Frage beschäftigten, 1959 auf der Hauptversammlung der Akademie der Wissenschaften der UdSSR als aktuellste Richtlinie in der Entwicklung der geologischen Wissenschaften festgelegt. Die Bestimmung dieser Gesetzmäßigkeiten, die nur durch kollektive Zusammenarbeit vieler Geologen aus allen Teilgebieten der Geologie möglich ist, schafft die wissenschaftliche Grundlage für eine planmäßige geologische Prospektion und gibt die Möglichkeit des Auffindens neuer abbauwürdiger Lagerstätten in Gebieten mit komplizierten geologischen Verhältnissen. Die theoretische Grundlage dafür bildet die Anfertigung von Karten, die die festgestellte und die erwartete (prognostische) Verbreitung der verschiedenen Typen von nutzbaren Bodenschätzen zeigen. So soll die Anfertigung solcher Karten zu einem Bestandteil der geologischen Aufnahmearbeit werden. Bei der systematischen geologischen Kartierung der Erzprovinzen im Maßstab 1:100000 bis 1:200000 werden als letztes metallogenetische Prognosekarten in Form von Meßtischblättern hergestellt.

Резюме

Установление закономерного распределения полезных ископаемых- такое актуальное направление было намечено Главным Собранием Академии Наук СССР в 1959 году для развития геологических наук после того, как советские геологи уже продолжительное время занимались этим вопросом. Определение этих закономерностей, возможное лишь путем коллективного сотрудничества специалистов разных отраслей геологии, создает научную основу для планомерных геологических поисков и дает возможность обнаружения новых промышленных месторождений в районах со сложными геологическими условиями. Теоретической основой будет служить составление карт показывающих уже установленное и предполагаемое (прогнозное) распространение разных типов полезных ископаемых. Составление таких карт должно стать составной частью геологической съемки. При систематическом геологическом картировании рудных провинций в масштабе от 1:100000 до 1:200000, самыми последними составляются прогнозные металлогенические карты в виде мензульных планшет.

Summary

For a long time Soviet geologists have been concerned with the problem of determining the regular distribution of minable natural resources, which was decided to be the guiding principle in the development of geological sciences by the Soviet Academy of Sciences in its general meeting in 1959. These regularities can only be determined by combined efforts of many geologists from all branches of geology. Together with the possibility of locating new workable deposits in areas showing complicated geological conditions, they are the scientific base for a methodical geological prospecting. The theoretical base for discovering new resources is given by producing maps which show the ascertained and expected distribution of different types of minable natural resources. These maps are designed to become an essential part of geological surveying. Systematic geological mapping of ore provinces scaled 1:100000 to 1:200000 will include in the last place prognostic maps of the genesis of metals in the form of plane-table maps.

Zur Leitbankgliederung des Staßfurtsteinsalzes und -kalilagers der Schachtanlagen Volkenroda-Pöthen (Thüringen)

EBERHARD GRUMBT & HARALD LÜTZNER, Jena

Einleitung

Die Feinstratigraphie der chloridischen Phase des Zechstein 2 im Kaliwerk Volkenroda ist schon mehrfach untersucht worden. Ältere Gliederungen von J. SIMON (1929) und G. HARTWIG (1958) fußten in erster Linie auf einer Parallelisierung auffallender Löser und Lösergruppen. In neueren Arbeiten (S. CARIUS 1956, R. SCHÜTZE 1957) wurden dagegen ausschließlich charakteristische Steinsalzbänke als Leithorizonte herangezogen.

Sedimentologisch entsprechen diese Steinsalzbänke den sogenannten Unstrutbänken, die in anderen Werken des Südharzgebietes als Leitbänke benutzt werden. Ausgehend von den Bänken, die A. TINNES (1928) mit den Ziffern 1—10 bezeichnete, wurden später die Steinsalzbänke verschiedener Südharzgruben nach äußeren Kennzeichen mit den Unstrutbänken verglichen und mit den dort gültigen Ziffern benannt (R. SCHÜRER 1954, E. STOLLE 1953 u. a.). Dabei erfährt das feinstratigraphische Profil von den Unstrutwerken bis zu den Gruben Sollstedt, Gebra-Lohra und Bleicherode bereits starke Abwandlungen. Von diesen Profilen unterscheidet sich die Bankfolge der benachbarten Baufelder von Volkenroda-Pöthen wiederum wesentlich.

S. CARIUS (1956) hat versucht, die Schichtfolge von Volkenroda-Pöthen dem Gliederungsschema nach den Unstrutbänken 1—10 unterzuordnen. An seinen Ergebnissen bestehen jedoch in verschiedenen Punkten berechtigte Zweifel. Danach hat R. SCHÜTZE (1957) in der Pöthener Haupt- und CO-Richtstrecke die Steinsalzleitbänke von unten nach oben durchgehend beziffert und auf eine Parallelisierung mit den Unstrutbänken bewußt verzichtet.

Als Arbeitsgrundlage für spezielle geologische Untersuchungen war für uns eine genaue Leitbankgliederung notwendig. Zu diesem Zwecke wurde im gesamten Grubenfeld die Feinstratigraphie in etwa 100 Einzelprofilen (Maßstab 1:20) aufgenommen und das resultierende Richtprofil an die Bezifferung von SCHÜTZE angehängt. Dabei waren einige Berichtigungen und Ergänzungen notwendig.

Die Steinsalzleitbänke

In Anschluß an C. DIETZ (1923—25) läßt sich die chloridische Phase des Zechstein 2 in Volkenroda-Pöthen in folgender Weise gliedern:

Hangendes:	Gebänderter Deckanhydrit	A 2 r	
	Decksteinsalz	Na 2 r	0,5 — 1,5 m
	Kalilager	K 2	3 — 9,5 m
	Buntes Steinsalz	Na 2	20 — 22,5 m
	Graues Steinsalz	Na 2	etwa 15 m
Liegendes:	Basalanhydrit	A 2	

Graues Steinsalz Na 2

Das mittel- bis grobspätige Steinsalz ist farblos bis weiß oder durch tonig-anhydritische Beimengungen grau gefärbt, wodurch das Gestein ein geflecktes Aussehen erhält. Eingelagerte dunkle Schmitzen und Schlieren verleihen ihm eine flaserige Textur, Schichtung tritt zurück, nach oben hin banken tonige Lagen das Gestein. Die Mächtigkeit des Grauen Steinsalzes beträgt etwa 15 m, größere Schwankungen sind durch tektonische Vorgänge bedingt.

Buntes Steinsalz Na 2 und Kalilager K 2

Über dem grauen Steinsalz folgt eine etwa 11 m mächtige Übergangszone. Ganz allmählich treten nunmehr bunte Farbtöne auf. In zunehmendem Maße verlieren sich die dunklen Wolken und Flasern zugunsten einer immer deutlicheren Schichtung. Bereits hier lassen sich einige geringmächtige Steinsalzbänke ausscheiden (Abb. 1, Prof. 6).

Das Bunte Steinsalz i. e. S. beginnt mit der Leitbank 1. Im folgenden sollen die Steinsalzleitbänke kurz charakterisiert werden, ohne Rücksicht auf die Grenzziehung zwischen Buntem Steinsalz und Kalilager, da das Kalilager kein eindeutig abzugrenzendes Schichtglied ist. Auf die Ausbildung der zwischen den Leitbänken auftretenden ± geschichteten Partien wird nur in besonderen Fällen eingegangen, da sie ohne weiteres den Profilen zu entnehmen ist. Aus technischen Gründen mußte auf die vollständige Wiedergabe der tonig-anhydritischen Lagen in den Abb. 1—3 verzichtet werden.

Leitbänke 1—6

Die untersten sechs Leitbänke weisen wenig charakteristische Züge auf und sind nur in Pöthen auf engstem Raum eindeutig zu parallelisieren. Der Versuch einer Konnektierung mit entsprechenden Bänken in Volkenroda stößt bereits auf Schwierigkeiten, da uns hier nur ein durch tektonische Vorgänge verdrücktes Profil vorlag (Abb. 1). Die Bänke sind auch in Pöthen meist noch geringmächtig (Leitbänke 1—4). Sie bestehen vorwiegend aus orangerotem, mittelspätigem Steinsalz; lediglich Bank 4 zeichnet sich durch eine intensiv lachsrote Farbe aus, worauf R. SCHÜTZE (1957) bereits hingewiesen hat. Bank 6 weist stellenweise (CO-Richtstrecke) rosa-rote Farbtöne auf. Die meisten Bänke lassen makroskopisch keine Beimengungen erkennen. Lediglich in Bank 1 treten 3 mm breite, wurmförmige, helle Anhydritstreifen im Abstand von 3—5 cm auf. Darüber hinaus läßt sich heller Anhydrit in feiner Verteilung überall beobachten. Bank 6 zeichnet sich nach S. CARIUS (1956) im Liegenden durch ein 4—5 cm breites Anhydritband und 4 cm unter der Hangendgrenze durch einen weiteren, 1,5 cm dicken, dunklen Anhydritstreifen aus.

Leitbänke 7 und 7a (1,10 bzw. 0,25—0,30 m)

Leitbank 7 fällt vor allem durch ihre große Mächtigkeit auf. Sie besteht in der Pöthener Hauptstrecke aus mittelspätigem, rötlichem Steinsalz; in der CO-Richtstrecke treten darin auch Nester und Lagen von weißem, grobspätigem Steinsalz auf. Außerdem schieben sich hier einige tonig-anhydritische Lagen im oberen Teil ein. Durch ein etwa 30 cm mächtiges Zwischenmittel wird die Begleitbank 7a von der Hauptbank abgetrennt.

Im darüberfolgenden Zwischenmittel lassen sich erstmalig siegellackrote Sylvinkristalle makroskopisch erkennen (CO-Strecke).

Leitbank 8 (0,35—0,48 m)

Helle Anhydrit- und Steinsalzlagen charakterisieren die rötliche Steinsalzbank. Das Zwischenmittel im Hangenden ist besonders mächtig und enthält eine Reihe meist kleiner Steinsalzbänke, die nicht miteinander zu parallelisieren sind.

Leitbank 9 (0,46—0,60 m)

Auch die Bank 9 kann durch helle Lagen gestreift erscheinen, besonders bei schwacher, teilweise lagig angeordneter Sylvinführung. In Volkenroda tritt jedoch die helle Bänderung weniger in der Bank 9, als vielmehr in den darüberfolgenden, feinstratigraphisch unbedeutenden Steinsalzbänkchen auf.

Leitbänke 10 und 10a
(0,40—0,54 m bzw. 0,12—0,22 m)

Die Bänke 10 und 10a werden durch ein 0,1—0,2 m mächtiges Zwischenmittel getrennt, das 6—8 kräftige, breite, dunkle Streifen in gleichmäßiger Verteilung enthält. Diese sehr typische Gruppierung macht die Bänke 10/10a zum ersten wichtigen Leithorizont für die geologische Streckenkartierung.

In Volkenroda ist die Bank 10 zusätzlich durch ein dunkelrotes Farbband in der unteren Hälfte charakterisiert, das sich in reduzierten Profilen zu einer schärfer umrissenen Farbschnur verdichtet. In Pöthen können die beiden rötlichen Leitbänke innerhalb der Hartsalzfazies ganz oder teilweise durch weißes, grobspätiges Steinsalz ersetzt werden. Besonders in der C3-Strecke zwischen Cc und Cd konnte ein ganz allmählicher Übergang von rötlichem in weißes Steinsalz beobachtet werden (Abb. 3), wobei das erstere durch das letztere verdrängt worden ist. Dem weißen Salz sind außerdem fast stets rote Sylvinkristalle beigemengt. Diese auf Pöthen beschränkten, weißen Steinsalzbänke lassen sich auch schon unter der 10. Leitbank beobachten und treten auch im Hangenden weiterhin auf.

Durchschnittlich 30—40 cm über der Bank 10a liegt eine gutlösende Tonlage, die in mehreren Revieren als Firstlöser angehalten wurde.

Leitbänke 11 und 11a
(0,14—0,44 m bzw. 0,18—0,42 m)

Die Bänke 11 und 11a stellen den zweiten, für Volkenroda-Pöthen sehr wichtigen Leithorizont dar. Die Bank 11 enthält an der Basis in einer 6—10 cm dicken Zone drei helle Streifen, die bei deutlicher Entwicklung der Bank scharf hervortreten und aus grauem, dichtem Anhydrit bestehen. Bei dürftiger Ausbildung läßt sich Anhydrit makroskopisch kaum erkennen.

In der Hartsalzfazies kann die Bank etwas Sylvin führen, wobei sich die oberen 4—10 cm als roter Sylvinit abheben. Die drei Streifen bestehen dann in Volkenroda und in der weißen Steinsalzfazies Pöthens stellenweise aus rotem Sylvin, während sie hier im übrigen Grubenbereich gewöhnlich ganz verschwinden. Bei polyhalitischer Lagerausbildung sind die Streifen in Polyhalit umgewandelt, wobei noch weitere Polyhalitschnüre hinzutreten können.

Entsprechende Verhältnisse liegen in der Carnallitfazies (Volkenroda, A2-Strecke) vor. Die Steinsalzbank, die wie alle übrigen Leitbänke in der Carnallitfazies grau gefärbt ist, führt hier an der Basis drei Carnallitstreifen.

Ein in der Regel 8 cm mächtiges Zwischenmittel aus geschichtetem Steinsalz bzw. Hartsalz, das meist drei bis vier tonig-anhydritische Lagen aufweist, leitet über zur Leitbank 11a. Die beiden gutlösenden Grenzlagen hat G. HARTWIG (1958) als „Doppel"- bzw. „Zweifachlöser" ausgeschieden.

Für die Bank 11a ist ein 4—6 cm starkes, in Pöthen stellenweise verdoppeltes Band in der oberen Hälfte charakteristisch, dessen Ausbildung wie in Bank 11, entsprechend den verschiedenen Fazies, abgewandelt erscheint:

Vertaubung	— Anhydrit
Hartsalz	— Anhydrit oder Sylvinit
polyhalitisches Hartsalz	— Polyhalit
weißesSteinsalz	— Sylvin
Carnallitfazies	— Carnallit

Darüber hinaus ist in Pöthen die Basis der Bank, besonders in der Hartsalzfazies, durch einen dünnen, hellen Streifen gekennzeichnet.

Es sei noch erwähnt, daß zur weiteren Charakteristik der Bankfolge 11 die höchsten Schichten des darunterliegenden Zwischenmittels beitragen. Wenig unter der Bank 11 liegen zwei durchschnittlich 10 cm mächtige Bänkchen, die durch 10 cm Steinsalz mit drei deutlichen und breiten Tonlagen getrennt werden. Diese Lagen entsprechen wahrscheinlich dem „Dreifachlöser" G. HARTWIGS (1958). Jedoch läßt sich diese Schichtgruppe nicht überall deutlich erkennen.

Über der Bank 11a setzt sich eine engere Schichtung durch tonig-anhydritische Lagen endgültig durch. Zwischen den noch folgenden Bänken werden die Zwischenmittel sehr eintönig und enthalten kaum noch konstante Bänkchen.

Leitbank 12 (0,10—0,26 m)

Bank 12 besitzt keine typischen Merkmale. Für ihre Einordnung ist der Nachweis von Bank 11a bzw. 13 erforderlich. Die Stoßhöhe reicht im allgemeinen aus, um eine der benachbarten Bänke aufzuschließen. G. HARTWIG (1958) bezeichnete diesen Horizont als „Volkenroda-Steinsalzbank".[1])

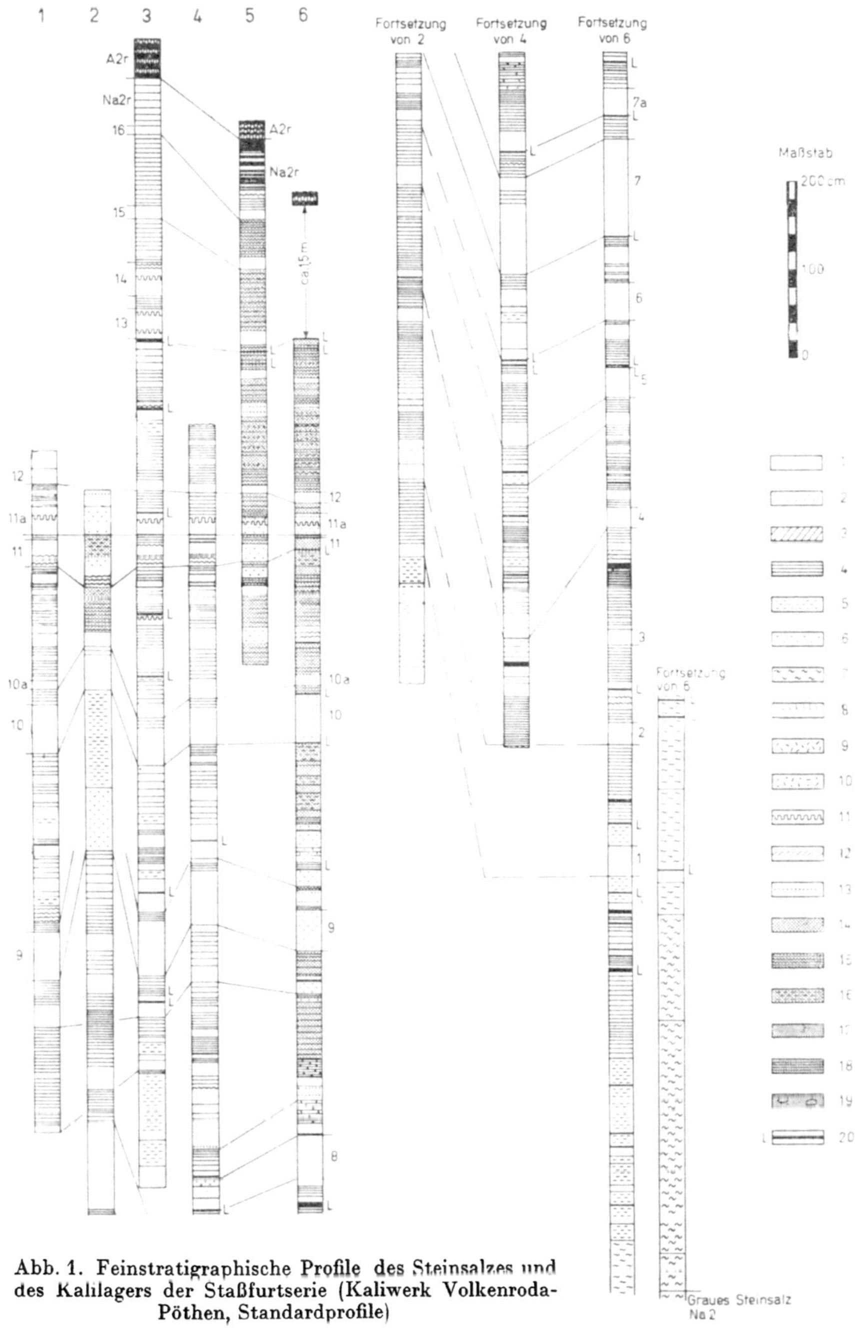

Abb. 1. Feinstratigraphische Profile des Steinsalzes und des Kalilagers der Staßfurtserie (Kaliwerk Volkenroda-Pöthen, Standardprofile)

Verzeichnis der feinstratigraphischen Profile

1. Volkenroda, Bg-Strecke zwischen C 4- und B 6-Strecke, 2. Volkenroda, Bg-Strecke Unterfahrung, 3. Volkenroda, Hauptförderstrecke ab B 38-Strecke nach S, 4. Pöthen, C0-Richtstrecke/-lagerstrecke, 5. Pöthen, Hochbruch 185 m südsüdöstlich Schacht Pöthen II, 6 Pöthen, Hauptförderstrecke ab D1-Strecke nach N

Legende:

1 — gelblich-rötliches Steinsalz, ungeschichtet; 2 — gelblich-rötliches Steinsalz, ungeschichtet mit etwas Sylvin; 3 — gelblich-rötliches Steinsalz, ungeschichtet mit Polyhalit; 4 — gelblich-rötliches Steinsalz, durch dunkle tonige Lagen geschichtet; 5 — gelblich-rötliches Steinsalz, undeutlich geschichtet; 6 — bräunlich-rötliches Steinsalz, feinflaserig; 7 — graues bis gelblich-bräunliches Steinsalz, wolkig-grobflaserig; 8 — graues Steinsalz, ungeschichtet; 9 — weißes Steinsalz, ungeschichtet; 10 — weißes Steinsalz, ungeschichtet, mit Sylvin; 11 — Anhydritlagen; 12 — Polyhalitlagen; 13 — Sylvinlagen; 14 — Hartsalz, ungeschichtet; 15 — Hartsalz, geschichtet; 16 — Hartsalz, undeutlich geschichtet; 17 — Carnallitit, ungeschichtet; 18 — Carnallitit, geschichtet; 19 — Trümmercarnallitit; 20 — gut lösende Tonlagen (Löser)

[1]) Es sei an dieser Stelle erwähnt, daß die von G. WALGER (1958) angeführten Parallelisierungen nicht zutreffen. Die HARTWIGsche Feinstratigraphie wurde von ihm in die Leitbankgliederung nach R. SCHÜTZE (1957) zu tief eingehängt.

Abb. 2. Feinstratigraphische Profile des Steinsalzes und des Kalilagers der Staßfurtserie (Kaliwerk Volkenroda-Pöthen, Grubenfeld Volkenroda)

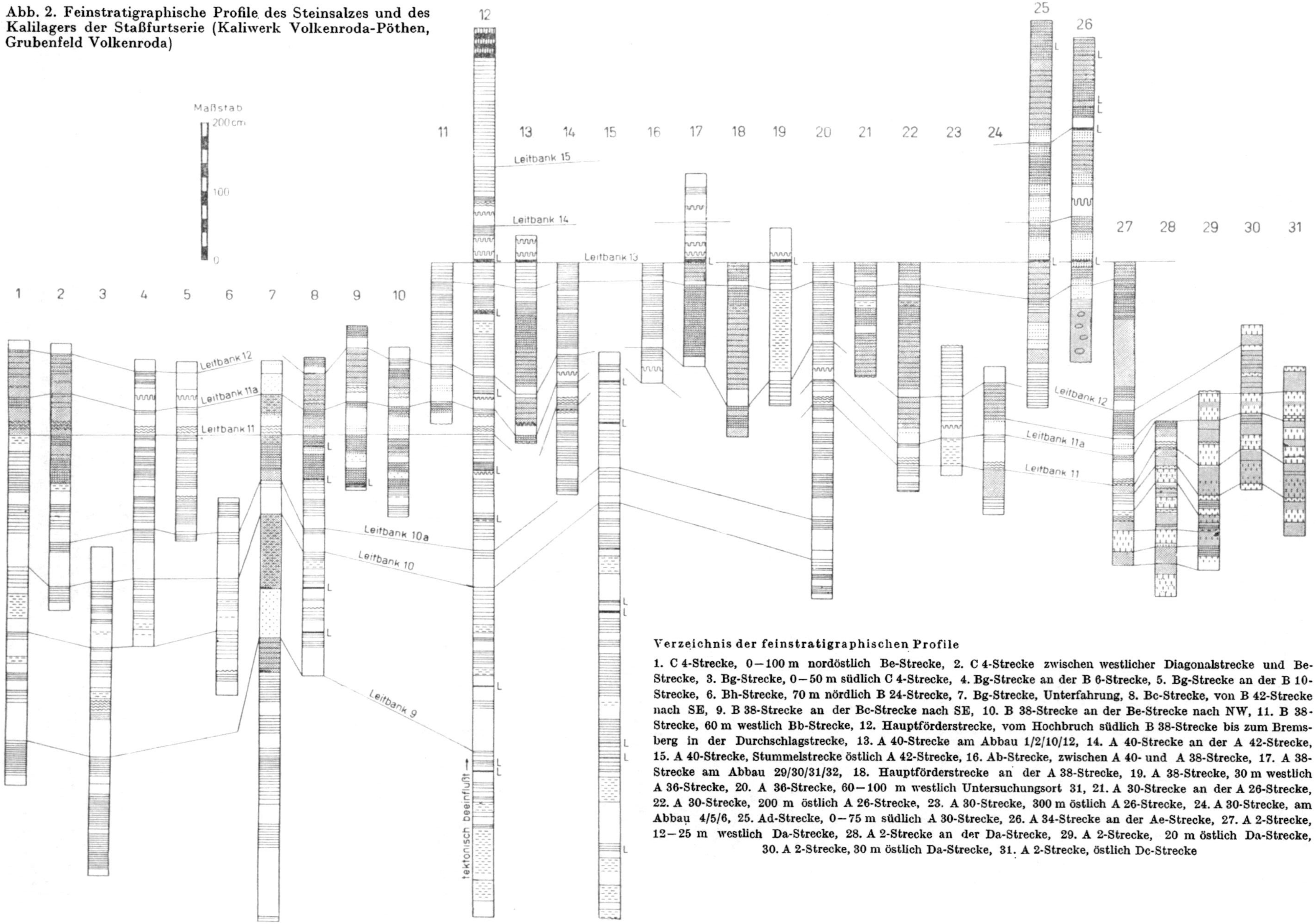

Verzeichnis der feinstratigraphischen Profile

1. C 4-Strecke, 0–100 m nordöstlich Be-Strecke, 2. C 4-Strecke zwischen westlicher Diagonalstrecke und Be-Strecke, 3. Bg-Strecke, 0–50 m südlich C 4-Strecke, 4. Bg-Strecke an der B 6-Strecke, 5. Bg-Strecke an der B 10-Strecke, 6. Bh-Strecke, 70 m nördlich B 24-Strecke, 7. Bg-Strecke, Unterfahrung, 8. Bc-Strecke, von B 42-Strecke nach SE, 9. B 38-Strecke an der Bc-Strecke nach SE, 10. B 38-Strecke an der Be-Strecke nach NW, 11. B 38-Strecke, 60 m westlich Bb-Strecke, 12. Hauptförderstrecke, vom Hochbruch südlich B 38-Strecke bis zum Bremsberg in der Durchschlagstrecke, 13. A 40-Strecke am Abbau 1/2/10/12, 14. A 40-Strecke an der A 42-Strecke, 15. A 40-Strecke, Stummelstrecke östlich A 42-Strecke, 16. Ab-Strecke, zwischen A 40- und A 38-Strecke, 17. A 38-Strecke am Abbau 29/30/31/32, 18. Hauptförderstrecke an der A 38-Strecke, 19. A 38-Strecke, 30 m westlich A 36-Strecke, 20. A 36-Strecke, 60–100 m westlich Untersuchungsort 31, 21. A 30-Strecke an der A 26-Strecke, 22. A 30-Strecke, 200 m östlich A 26-Strecke, 23. A 30-Strecke, 300 m östlich A 26-Strecke, 24. A 30-Strecke, am Abbau 4/5/6, 25. Ad-Strecke, 0–75 m südlich A 30-Strecke, 26. A 34-Strecke an der Ae-Strecke, 27. A 2-Strecke, 12–25 m westlich Da-Strecke, 28. A 2-Strecke an der Da-Strecke, 29. A 2-Strecke, 20 m östlich Da-Strecke, 30. A 2-Strecke, 30 m östlich Da-Strecke, 31. A 2-Strecke, östlich Dc-Strecke

Abb. 3. Feinstratigraphische Profile des Steinsalzes und des Kalilagers der Staßfurtserie (Kaliwerk Volkenroda-Pöthen, Grubenfeld Pöthen)

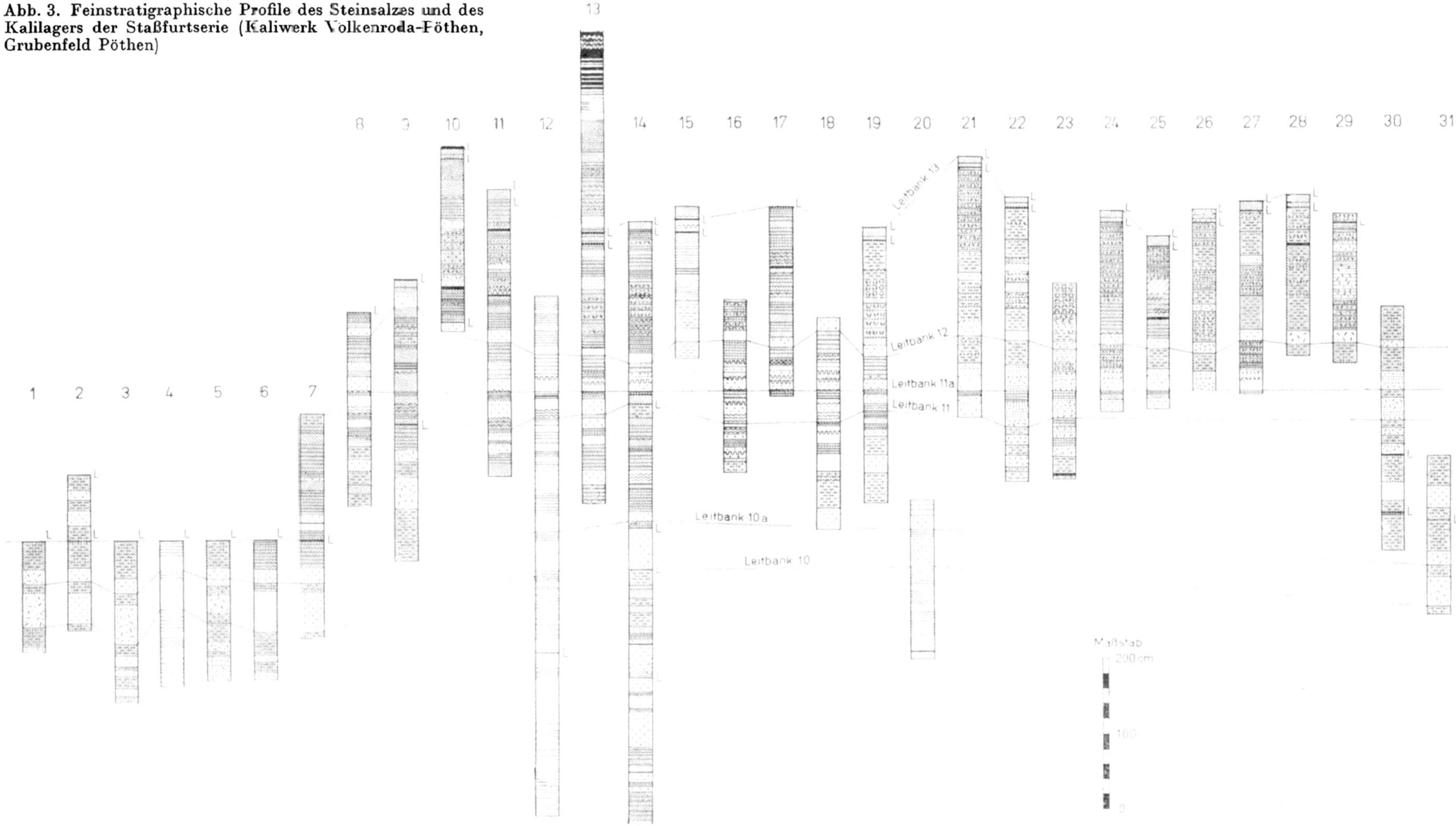

Verzeichnis der feinstratigraphischen Profile

1. Streckenkreuz C 11/Cb, 2. Streckenkreuz C 3/Cb, 3. Cb-Strecke, 30 m südlich C 6-Strecke, 4. C 3-Begleitstrecke, 110 m westlich Cd-Strecke, 5. C 3-Strecke, 35 m östlich Cd-Strecke, 6. Streckenkreuz C 3/Cc, 7. Streckenkreuz C 3/Cb, 8. Streckenkreuz C 3-Begleitstrecke/Ca, 9. C 3-Strecke, 380 m westlich Hauptförderstrecke, 10. C 3-Strecke, 120 m westlich Hauptförderstrecke, 11. C 3-Strecke, 30 m westlich Hauptförderstrecke, 12. C0-Richtstrecke/-Lagerstrecke, 13. Hochbruch 185 m südsüdöstlich Schacht Pöthen II, 14. Hauptförderstrecke ab D 1-Strecke nach N, 15. D 6-Strecke, 20 m östlich Hauptförderstrecke, 16. D 6-Strecke, 90 m östlich Hauptförderstrecke, 17. D 6-Strecke, 30 m östlich Da-Strecke, 18. D 6-Strecke, 65—130 m östlich Da-Strecke, 19. Db-Strecke, 100 m nördlich D 6-Strecke, 20. D 3- Strecke, 70 m östlich Db-Strecke, 21. Streckenkreuz D 7/Hauptförderstrecke, 22. Streckenkreuz Muldenstrecke/südwestliche Hauptstrecke, 23. Streckenkreuz C 10/südwestliche Hauptstrecke, 24. Streckenkreuz D 7/Da, 25. Streckenkreuz D 8/Da, 26. Streckenkreuz D 10/Da, 27. D 7-Strecke, 75 m westlich Db-Strecke, 28. D 8-Strecke, 175 m östlich Da-Strecke, 29. Db-Strecke, 240 m südlich D 8-Strecke, 30. Db-Strecke, 285 m südlich D 8-Strecke, 31. Db-Strecke, 345 m südlich D 8-Strecke

Leitbank 13 (0,35—0,40 m)

Für das SE-Feld von Volkenroda ist die Bank 13 ein weiterer wichtiger Leithorizont. An ihrer Basis liegt ein außergewöhnlich starker Löser von 2—6 cm Dicke, den G. HARTWIG (1958) als „Hauptlöser" bezeichnet hat. In Volkenroda liegt unter diesem Löser eine charakteristische Schichtgruppe, die 30—40 cm mächtig wird und sich durch etwas intensivere Färbung von den tieferen Schichten abhebt. Sie enthält konstant 6—8 breite und deutliche dunkle Lagen, die jedoch nur schlecht oder gar nicht lösen.

In Pöthen liegt der Hauptlöser in der gleichen Ausbildung vor und wird im E-Feld meist als Firste angehalten. 14—18 cm darunter tritt hier ein zweiter, ebenfalls sehr deutlicher, dünner Löser auf. Vielfach liegt noch ein weiterer dazwischen.

Die Bank 13 zeichnet sich in Volkenroda durch typische, von der Fazies abhängige Bänder aus (siehe S. 199), die wenig über der Basis und direkt unter der Dachfläche liegen. In Pöthen fehlen die Bänder, weshalb hier nur der mittlere, etwa 15 cm mächtige Teil als Leithorizont — entsprechend der „Steinsalzbank r" G. HARTWIGs (1958) — ausgeschieden werden kann.

Leitbank 14 (0,40 m)

Bank 14 ist nur in Volkenroda entwickelt. Sie führt ein von der Fazies abhängiges Band in der Mitte, an einigen Stellen auch an der Oberkante.

In Volkenroda erinnern die Bänke 13 und 14 in ihrer Anordnung, in der Art der Einlagerungen und in der Vergesellschaftung mit einer etwas höherliegenden, geringmächtigen Bank sehr an die Bankgruppe 11/11a/12, jedoch sind Bank 13 und 14 etwas mächtiger und ihre Einlagerungen haben sehr verschwommene Grenzen.

Leitbank 15 (0,15—0,20 m)

Die Bank 15 hat nur noch in Volkenroda für die Streckenkartierung Bedeutung. Sie ist trotz ihrer geringen Mächtigkeit sowohl in Steinsalz- als auch in Hartsalzfazies stets vorhanden. Aufschlüsse haben besonders die Strecken Ad und A18 geschaffen, wo die Bank häufig Polyhalit führt.

Leitbank 16 (0,10 m)

Als letzte Leitbank kann eine geringmächtige Steinsalzlage ausgeschieden werden, die in beiden Grubenfeldern mit je einem Hochbruch angefahren wurde. Sie schließt das Kalilager nach oben hin ab. Über die Ausbildung der Hartsalzfazies in diesem Niveau liegen keine Beobachtungen vor.

Decksteinsalz Na2r (0,5—1,5 m)

In den beiden vorerwähnten Hochbrüchen folgt über der 16. Leitbank eine geringmächtige Wechsellagerung von orangerotem bis rotem Steinsalz und dunklen, tonig-anhydritischen Lagen, die als Decksteinsalz angesprochen werden muß. Nach oben hin nehmen die dunklen Lagen an Zahl und Stärke zu. Ein 10 cm dickes Tonband leitet zum Gebänderten Deckanhydrit über.

Schlußbemerkung

In der vorliegenden Arbeit wird die feinstratigraphische Gliederung der chloridischen Phase der Staßfurtserie (Zechstein 2) im Bereich der Schachtanlagen Volkenroda und Pöthen zusammengestellt. Dabei ergeben sich mindestens 15 Leitbänke, nach denen die Schichtfolge gegliedert werden kann. Die Bänke 1—8 wurden nur in wenigen Strecken aufgeschlossen. Die meisten Abbaue und Strecken stehen im Bereich der Bänke 9—15. Diesen Bänken kommt deshalb, zusammen mit charakteristischen Lösern und Lösergruppen, die Bedeutung von Leitbänken für den Streckenvortrieb und den Abbau der Kalisalze zu. Einige Horizonte, besonders der Hauptlöser unter der Bank 13, werden vom Bergmann schon in diesem Sinne angewendet, in anderen, tiefer liegenden Horizonten herrschte bisher im Kaliwerk Volkenroda noch Unsicherheit.

Die Anwendung der Steinsalzbänke als Leithorizonte beim Streckenvortrieb und Abbau ist nicht neu und in allen Schachtanlagen, die das Kaliflöz abbauen, allgemein üblich. Der besseren Kenntnis der Bänke diente eine größere Anzahl meist unveröffentlichter Arbeiten (STOLLE 1953, SCHÜRER 1954, CARIUS 1956), so daß heute für viele Werke eine Spezialaufnahme vorliegt. Ferner bedienen sich alle Bearbeiter von Fragen der Kalisalzgenese einer Leitbankgliederung als Arbeitsgrundlage. Richtungweisend war in dieser Hinsicht A. TINNES (1928), der im östlichen Teil des Südharzreviers nachwies, daß die Steinsalzbänke über ein größeres Gebiet aushalten und als Leithorizonte geeignet sind. Später wurde versucht, auch die Profile des westlichen an die des östlichen Gebietes anzuschließen. Die Profile wurden nach Mächtigkeit, besonderen Kennzeichen und Aufeinanderfolge der Steinsalzbänke sowie nach Mächtigkeit der Zwischenmittel verglichen und mit den 10 Unstrutbänken parallelisiert. Daß dieses Verfahren schon rein nomenklatorisch zu Schwierigkeiten führt, zeigt die Tatsache, daß sich in Volkenroda-Pöthen einschließlich der größeren Begleitbänke 19 Leitbänke ausscheiden lassen. Die Profile von Volkenroda-Pöthen lassen ferner erkennen, daß bereits innerhalb eines Kaliwerkes Schwankungen auftreten, die sowohl die Mächtigkeit als auch die kennzeichnenden Einlagerungen der Bänke betreffen. Es ist deshalb notwendig, bei der Profilaufnahme auch die Zwischenmittel genau zu erfassen und bei der Parallelisierung innerhalb und außerhalb des Grubenbereichs unterstützend heranzuziehen. In Volkenroda-Pöthen erwiesen sich beispielsweise in bestimmten Abschnitten Zahl und Stärke der dunklen tonigen Lagen als erstaunlich konstant. Erst wenn diese Einzelheiten und ihre Schwankungen im Grubenfeld erfaßt sind, wird eine sichere Parallelisierung von Grubenfeld zu Grubenfeld gelingen und eine für das gesamte Südharzgebiet gültige Horizontierung aufzustellen sein.

Für die praktische Anwendung der Leitbänke im Streckenvortrieb und bei der geologischen Streckenkartierung sind die Fragen der Parallelisierung zunächst belanglos. Die Bedeutung der Leitbänke im Grubenbereich wird dadurch nicht eingeschränkt. Für die weitere Aufhellung der Kalisalzgenese spielen jedoch diese Fragen bei dem Vergleich verschiedener Gruben eine nicht zu unterschätzende Rolle.

Zusammenfassung

Für die Gliederung von Steinsalz und Kalilager der Staßfurtserie (Zechstein 2) werden in den mitteldeutschen Kaligruben seit längerer Zeit typische Steinsalzbänke verwendet. Die vorliegende Arbeit stellt die Leitbankgliederung der Schachtanlagen Volkenroda-Pöthen (Thüringen) zusammen.

Eine Parallelisierung von Grubenfeld zu Grubenfeld, die eine für das gesamte Kalirevier gültige Horizontierung ermöglichen würde, ist nur durchführbar, wenn die stratigraphischen Feinheiten zwischen den Leitbänken und deren Veränderungen im Grubenbereich genau bekannt sind.

Резюме

Залежи каменной и калийной соли Стасфуртской серии (Цехштейн 2) расчленяются в калийных шахтах Средней Германии с давных пор по типичным каменносоляным пластам. В настоящей работе описывается (составляется) расчленение направляющего горизонта в шахтах Фолькенрода/Пэтен (в Тюрингии).

Проводя параллель от района одной шахты к другой, можно горизонтировать весь район залежей калийных солей, но это возможно только в том случае, если точно известны все стратиграфические подробности отдельных направляющих горизонтов и их изменения в районе шахт.

Summary

In the potash mines of Central Germany typical rock salt beds are used for some time past to classify rock salt and potash deposits of the Staßfurt series (Zechstein 2). A classification by key beds of the Volkenroda/Pöthen mine (Thuringia) is made in the present paper.

A parallel between individual fields enabling a levelling of the whole potash district is only possible, if the stratigraphical relations existing between key beds and their changes in the mine area are exactly known.

Literatur

CARIUS, S.: Beiträge zur Stratigraphie und Tektonik des Kaliwerkes Volkenroda. — Unveröff. Diplomarbeit, 67 S., Geol. Institut Jena 1956.

DIETZ, C.: Tektonik und Salz des unteren Eichsfeldes. — Abh. preuß. geol. Landesanst., N. F. 95, 83—109, Berlin 1923/25.

HARTWIG, G.: Zur Feinstratigraphie des Staßfurtlagers in der Thüringer Mulde. — Z. Kali und Steinsalz 2, 206—210, Essen 1958.

SCHÜRER, R.: Die Steinsalzbänke des Kalilagers Staßfurt im Kaliwerk „Thomas Müntzer", Bischofferode. — Unveröff. geol. Meldearb. Bergakademie Freiberg 1954.

SCHÜTZE, R.: Mineralogisch-petrographische Untersuchung der Kaligrube Pöthen. — Unveröff. Diplomarbeit, 100 S., Min. Inst. Jena 1957.

SIMON, J.: Petrogenetische Studie der Salzlagerstätte der Gewerkschaften Volkenroda und Pöthen im Südharzbezirk. — Z. Kali und verw. Salze 23, 181ff., Halle 1929.

STOLLE, E.: Die 10 Unstrutbänke im „Glück-Auf"-Schacht, Sondershausen. — VEB Kaliwerk „Glück Auf", Werksakten, Sondershausen 1953.

TINNES, A.: Die Ältere Salzfolge Mitteldeutschlands unter besonderer Berücksichtigung des Unstrutgebietes. — Archiv f. Lagerstättenforschg. 38, 55 S., Berlin 1928.

WALGER, G.: Ref. G. HARTWIG, Zur Feinstratigraphie des Staßfurtlagers in der Thüringer Mulde. — Z. angew. Geol. 4, 440, Berlin 1958.

Perspektiven der Erdölführung in der Umgebung von Wieluń [1)]

ZBIGNIEW OLEWICZ

Die Umgegend von Wieluń erweckt schon hinsichtlich der isolierten Struktur Interesse, die sich auf der geologischen Karte (Abb. 1) abzeichnet. Dieses Interesse nimmt zu, wenn man das weitere geologische Material für dieses Gebiet analysiert.

Nach der geologischen Karte von Polen, die ein Auftauchen der Juraschichten nach Südwesten in Richtung des Sudetischen Massivs zeigt, zeichnet sich bei Wieluń eine Fläche von Triasschichten ab, die die Juraschichten durchdrungen und gehoben haben. Diese Aufragung ist von zwei Sprungsystemen begrenzt; das eine streicht fast W—E (mit einer Abweichung nach Süden); das zweite verläuft nach Nordosten (Abb. 1). Der triassische Kern des Domes von Wieluń nimmt eine Fläche von etwa 3 km² und zusammen mit den gehobenen Juraschichten etwa 30 km² ein.

Die Schichtenstauchung und -hebung am Dom von Wieluń können wir nach den geologischen Profilen (Abb. 2, 3, 4 und 5) auf etwa 300 bis 400 m schätzen. Schon daraus ist ersichtlich, daß dieser Dom günstig für die Gas- und Erdölakkumulation in der mittleren oder sogar in der unteren Trias sein könnte und daß diese Struktur auch an manchen Stellen eine Absperrung für sandige Horizonte des Juras und damit einen guten Speicher für in die oberen Schichten migrierende Öl- und Gaslager bilden könnte.

Die Struktur kann sich auch in der Tiefe bemerkbar machen. So tritt in den unteren Schichten des mittleren Zechsteins Erdöl auf. Auch das Karbon und besonders das Devon können erdölführend sein.

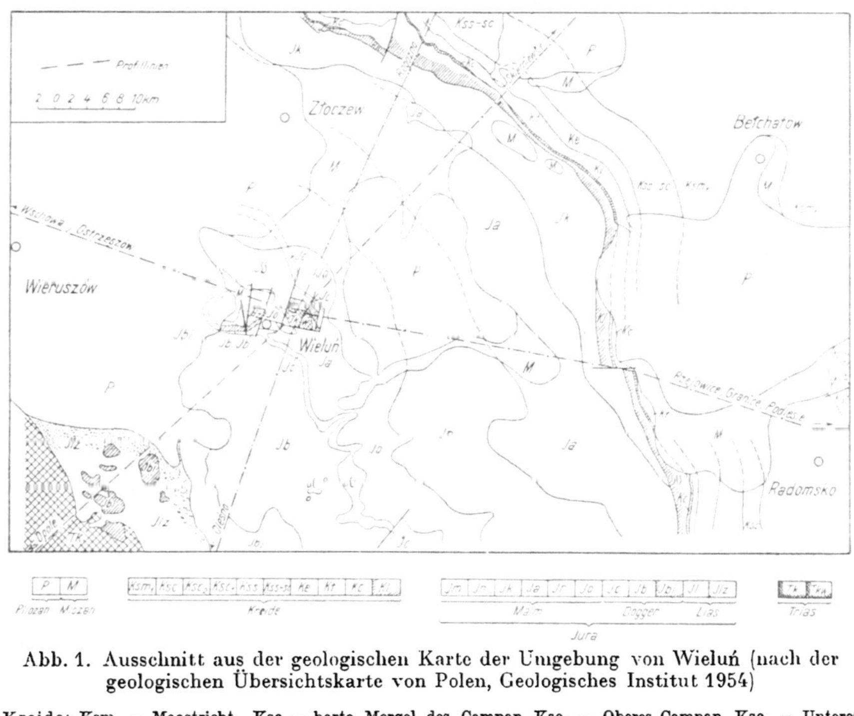

Abb. 1. Ausschnitt aus der geologischen Karte der Umgebung von Wieluń (nach der geologischen Übersichtskarte von Polen, Geologisches Institut 1954)

Kreide: Ksm₁ — Maastricht, Ksc — harte Mergel des Campan, Ksc_2 — Oberes Campan, Ksc_1 — Unteres Campan, Kss — Santon, Kss-sc — Campan und Santon, Ke — Emscher, Kt — Turon, Kc — Cenoman, Kl — Alb; Jura: Jm — Kalksteine und Dolomite, Jn — schwarze Tone des Bonon, Jk — Kimmeridge, Ja — Astartien, Jr — Rauracien, Jo — Oxford, Jc — Callovien, Jb — Bathonien, Jbi — eisenhaltige Sandsteine des Bajocien, Jl — Sande, Jlz — Zarzeckische Serie des Lias; Trias: Tk — Tone und Schiefertone mit Kalksteineinlagen, Tkw — bunte Tone mit Kalksteinlagen (Keuper)

[1)] „Nafta", Katowice, 15, Nr. 2, S. 35—40, (1959). Übers.: HOFFMANN

Die am höchsten lagernde paläozoische Formation, das Perm, scheint hier die günstigsten paläogeographischen und strukturellen Bedingungen aufzuweisen. Die Grundzüge des tieferen regionalen Aufbaues gibt die gravimetrische Karte (Abb. 6) wieder. Auf ihr zeichnen sich außerhalb des Hochs des Subsudetischen Walles sehr deutlich das Hoch des Walles von Trzebnica (Trebnitz) und ein weiteres Hoch ab, das von diesem durch eine auf der Linie Trzebnica-Sulmierzyce verlaufende Querstörung getrennt und nach Nordosten verschoben ist, durch Ostrzeszów verläuft und sich auf Wieluń fortsetzt; der sogenannte Wall von Wieluń. Der bei Ostrzeszów gelegene Teil dieses Walles ist durch mindestens zwei quer streichende Störungszonen von Wieluń getrennt (die eine geht durch Wieruszów und die zweite verläuft zwischen Wieruszów und Wieluń). Die südlich von Wieluń wahrscheinlich vorhandenen Störungen von Kluczbork (Kreuzburg), Gorzów (Landsberg) und Olesno—Krzepice (Rosenberg—Krippitz) unterbrechen die Verbindung zwischen dem Wall von Wieluń und dem Hoch des Schlesisch-Krakauer Walles. Auf diese Weise tritt deutlich die Lage von Wieluń am Ende des langen Walles von Trzebnica-Wieluń und seine Isolierung von den sich heraushebenden nordwestlichen Teilen dieses Walles wie auch das Fehlen der Verbindung zwischen ihm und dem sich nach Süden heraushebenden Schlesisch-Krakauer Wall hervor.

Sowohl die Lage im Bereich des Walles als auch die möglich gewordene Isolierung durch das sich deutlich abzeichnende System tiefgehender Störungen — neben den auf der geologischen Karte (Abb. 1) erkennbaren Störungen oberflächiger Art —, die zweifellos auch das Paläozoikum betroffen haben, geben der Struktur von Wieluń die Voraussetzungen für eine Bitumenanreicherung.

Unterziehen wir zuerst nur den oberen Teil der paläozoischen Schichten einer Betrachtung! Bohrungen bei Wrocław (Breslau), Osobowice (Oswitz), Opole (Oppeln), Olesno (Rosenberg) und anderen Orten haben bezüglich der Entwicklung der einzelnen stratigraphischen Serien wie auch [Ostrzeszów (Schildberg) und Wschowa (Fraustadt)] hinsichtlich des Auftretens von Bitumen schon viele Daten geliefert.

In Osobowice (ZWIERZYCKI 1955) wurden durchteuft:

bis zur Teufe	152 m	Tertiär
bis	476 m	Buntsandstein
bis	507 m	Zechstein
bis	607 m	Rotliegendes
bis	617 m	kristalline Schiefer des Subsudetischen Walles

Durch die im Jahre 1902 niedergebrachte Bohrung Oppeln (ASSMANN 1926) wurden aufgeschlossen:

bis zur Teufe	34,2 m	Schichten des Turons
bis	68,3 m	Schichten des Cenomans
bis	241,5 m	Keuper
bis	417 m	Muschelkalk
bis	554,9 m	Röt (Oberer Buntsandstein)
bis	636,5 m	Rotliegendes
bis	734,3 m	Kulm

Die in dieser Bohrung durchteuften Schichten des Rotliegenden sind:

von 554,9 bis	570,9 m	Sandstein, dunkelrot, graufleckig, glimmerhaltig, tonig
bis	601,1 m	Sandstein, rot und grau
bis	631,5 m	Sandstein, grauviolett mit einzelnen Geröllen; Konglomerate, grauviolett, kieselig, teilweise mit Kaolinbindemittel, darin Quarz, Quarzite, Gneise, rote Tonschiefer, Glimmerschiefer, seltener Kalkschiefer und Feldspate

Durch die im Jahre 1925 niedergebrachte Bohrung Olesno (Rosenberg) (ASSMANN 1929) wurden aufgeschlossen:

bis zur Teufe	33,7 m	Pleistozän
bis	519 m	Keuper
bis	709,3 m	Muschelkalk
bis	791,7 m	Röt (Oberer Buntsandstein)
bis	912 m	Mittlerer Buntsandstein
bis	940 m	vielleicht Rotliegendes
bis	1034 m	Rotliegendes
bis	1045,25 m	Kulm

In 1034 m Teufe wurden Anzeichen einer Störungsfläche mit 80° Einfallen beobachtet, die die flach liegenden Schichten des Rotliegenden von den mit 10 bis 15° einfallenden Kulmschichten trennt.

Die durchteuften Schichten des mittleren Buntsandsteins (792—912 m) sind oben graue, dünnschichtige, glimmerhaltige Feinsandsteine, die zum Liegenden hin immer grobkörniger werden. Von 824 bis 912 m Teufe sind die Sandsteine hell oder rot gefärbt, teilweise kalkhaltig.

Die Schichten des Rotliegenden — von 912 bis 940 m Teufe — sind aus grauvioletten und hellrosafarbenen, kaolinisierten feldspathaltigen Sandsteinen zusammengesetzt. Von 940 bis 1034 m Teufe tritt ein rötliches, aus Sandstein- und Dolomitbruchstücken, Quarzkörnern und manchmal felsitischen Porphyren bestehendes Konglomerat auf. Darunter liegt grauvioletter und hellrosafarbener, teilweise kalkhaltiger Sandstein, der zum Liegenden hin Zwischenschichten von rotem Ton aufweist. Die letzten 16 m bestehen aus roten Schiefertonen.

Die Liegendserie keilt, wie aus der Bohrung Podlesie-Radoszyce ersichtlich ist, auch in östlicher Richtung aus. Es wurden durchbohrt:

bis	90 m	Sande des Quartärs
bis	330 m	Muschelkalk
bis	849 m	Röt
bis	1344 m	Buntsandstein
bis	1561 m	Zechstein
bis	1569 m	Basalkonglomerat
bis	2437 m	Karbon (Kulm)

Ab 1344 m Teufe (unter der Sandsteinserie) erscheinen in den roten Schiefertonen Anhydritschichten oder -nester. Ab 1363 m Teufe treten schon graue und dunkelgraue Schiefertone mit grauen und dunkelgrauen Dolomitlagen neben stärkeren Anhydritlagen auf. Die Anhydritnester reichen bis 1483 m Teufe. Ab 1520 m finden sich in den schwarzen Schiefern nur geringmächtige Dolomiteinlagerungen.

Das dann folgende aus Dolomit- und Quarzgeröllen zusammengesetzte Konglomerat ist nach J. CZARNOCKI (1951) das Basaltkonglomerat des Zechsteins, das auf schwarzen Schiefern, Dolomiten und Grauwacken des Unterkarbons (Visé) der Fazies von Lagowo liegt.

Im Profil dieser Bohrung wurden auch Bitumenanzeichen beobachtet. Nach J. DEMBOWSKA (1953) ist der dunkelgraue, feinkristalline Dolomit aus 1370 bis 1371 m Teufe etwas bituminös.

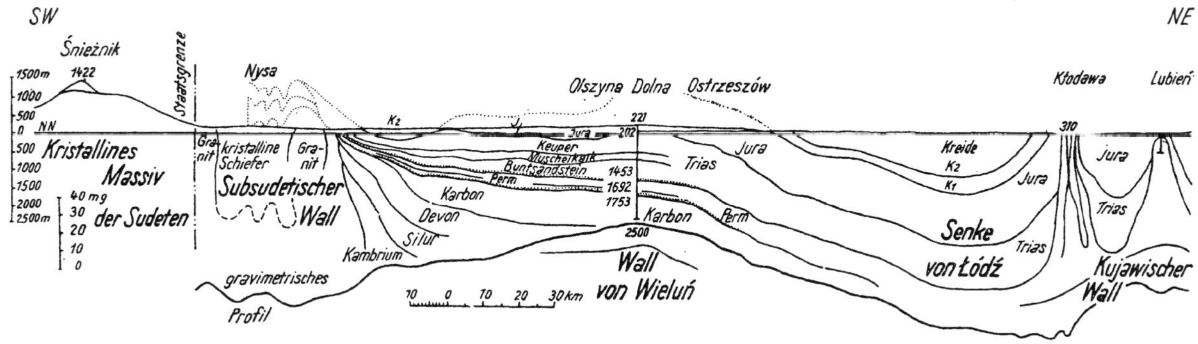

Abb. 2. Geologischer Querschnitt durch den Wall von Wieluń bei Ostrzeszów (Schildberg)

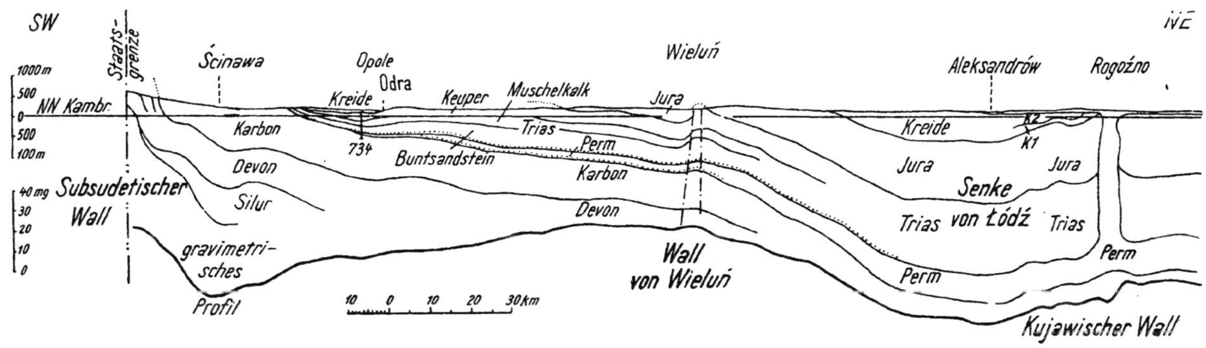

Abb. 3. Geologischer Querschnitt durch Opole (Oppeln) und Wieluń

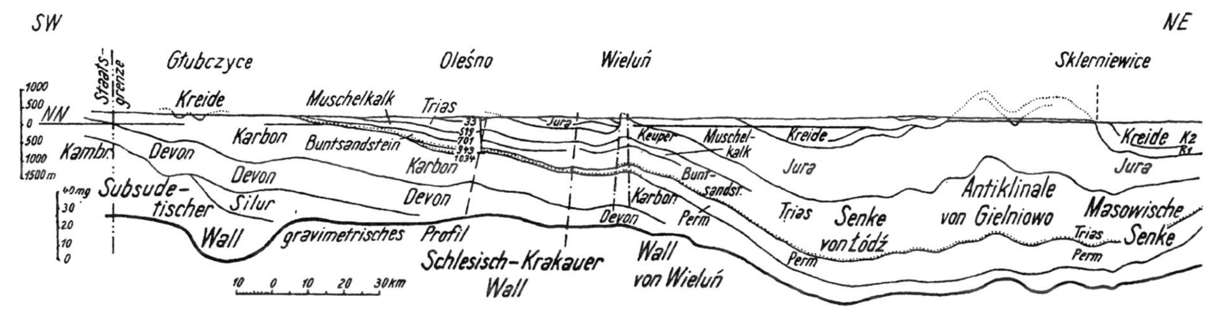

Abb. 4. Geologischer Querschnitt durch Olesno (Rosenberg) und Wieluń

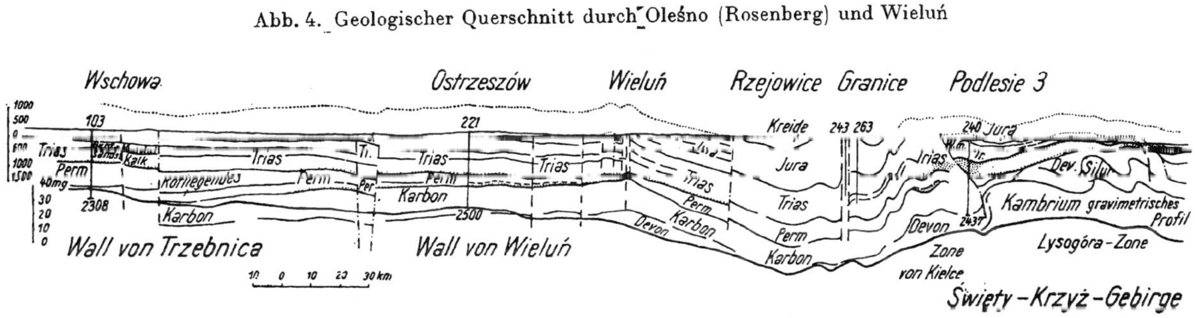

Abb. 5. Geologischer Längsschnitt über Wschowa (Fraustadt), Ostrzeszów (Schildberg), Wieluń und Podlesie

Außerdem sollen folgende Bituminisierungserscheinungen auftreten:

in 204 bis 252 m	bituminöse Kalksteine
bei 307 bis 308 m	bituminöse Schiefertone
bei 311 bis 312,7 m	bituminöse Kalksteine in der Muschelkalkserie
bei 856,2 bis 857 m	Bitumengeruch beim Anschlagen eines quarzitischen Sandsteins (Buntsandstein) (J. DEMBOWSKA 1953)
bei 1486 m	Bitumina in einer Menge von 0,066 bis 0,086 g auf 1 kg Gestein (Z. STARY 1951)
bei 1577 und 1585 bis 1590 m	Gasanzeichen (1951)
bei 1607 m	schwach gashaltige Spülung (A. TRNOBRANSKY 1952)
bei 2363,1 m	0,001 g Bitumen auf 1 kg Gestein
bei 2365,3 und 2365,6 m	0,112 bis 0,122 g Bitumen auf 1 kg Gestein (Z. STARY 1953)

Die Bohrung bei Ostrzeszów durchteufte (nach A. TOKARSKI):

bis	34 m	Quartär
bis	202 m	Tertiär
bis	640 m	Keuper
bis	893 m	Muschelkalk

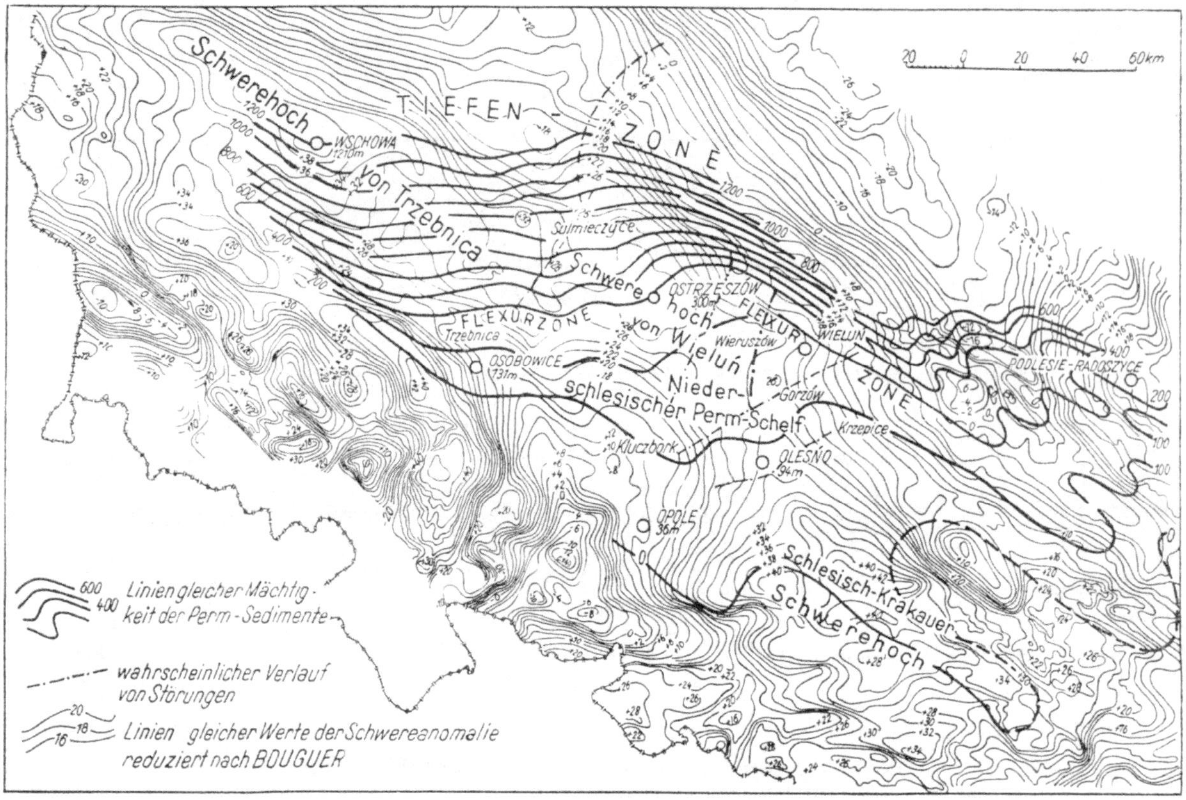

Abb. 6. Die Strukturelemente des Perm-Beckens in Niederschlesien (auf Grund der gravimetrischen Karte nach A. DĄBROWSKI 1956)

bis	1029 m	Röt
bis	1453 m	Buntsandstein
bis	1692 m	Zechstein: Anhydrite, Salze, Dolomite (1643 bis 1661 m), schwarze Kalksteine (1661—1692 m)
bis	1709 m	Weißliegendes
bis	1753 m	Rotliegendes (Konglomerate)
bis	2500 m	Unterkarbon (Kulm)

Während des Bohrens wurden in 1305 bis 1311 m Teufe Gasspuren in der Spülung, in 1585,1 bis 1591,5 m Teufe Erdölspuren im Kern beobachtet. Es traten demnach im Buntsandstein Gasspuren und im Zechstein (in der Anhydritserie) Ölspuren auf.

Während man hier den Buntsandstein nur als zufälligen Speicher ansehen kann, muß die Dolomitserie des Zechsteins als Hauptölhorizont betrachtet werden. Ein guter Ölspeicher kann auch (nach A. TOKARSKI) das unter der Dolomitserie auftretende Weißliegende sein. Diese sandige Serie mit dem konglomeratischen Rotliegenden darunter weist große Mächtigkeitsschwankungen und die Tendenz zum Auskeilen im Schelfbereich auf, wie es die Bohrungen Oleśno (Rosenberg), Opole (Oppeln und Osobowice (Oswitz) zeigen.

Die Bohrung bei Wschowa durchteufte (nach A. TOKARSKI):

bis	324 m	Quartär und Tertiär
bis	446 m	Keuper
bis	699 m	Muschelkalk
bis	878 m	Röt
bis	1096 m	Buntsandstein
bis	1945 m	Zechstein (bis 1927 m Salze und Anhydrite, bis 1932 m Dolomite, bis 1933 m Kupferschiefer, bis 1945 m Weißliegendes)
bis	2308 m	Rotliegendes

Während des Bohrens wurden folgende Anzeichen festgestellt:

in 1612,4 bis 1645,5 m Teufe	Erdölgeruch und -spuren auf Spalten im Dolomit
bis 1676 m Teufe	Erdölgeruch im Anhydrit
in 1774,5 bis 1801,8 m Teufe	Schwacher Erdöl- und Schwefelwasserstoffgeruch im Anhydrit
in 1813 bis 1867 m Teufe	Erdölgeruch im Anhydrit (im unteren Teil stärker)
bis 1926,4 m Teufe	Erdölspuren auf Schichtflächen und auf Klüften (sie nehmen im unteren Kernteil zu; in 1905,1—1905,4 m Teufe tritt im Anhydrit aus dem Kern fließendes grünliches Erdöl auf
bis 1931,1 m Teufe	Erdölgeruch beim Zerschlagen des Dolomits

Demnach finden sich Erdölspuren im Dolomit und im liegenden Anhydrit.

Die beschriebenen Bohrungen lassen also sehr charakteristische Strukturelemente des permischen Sedimentationsbeckens (Abb. 6) erkennen. Durch die Linien gleicher Mächtigkeiten wird die Lage von Wschowa (Fraustadt) im Bereich der Tiefenzone des Permbeckens ersichtlich. Diese geht bei Ostrzeszów (Schildberg) über eine Flexurzone nach Süden und Südosten in einen sehr deutlichen Schelf über. Dieser Schelf wird im Nordosten von einer Verlängerung der Flexurzone begrenzt, jenseits derer sich wieder die Tiefenzone des permischen Beckens erstreckt. Im Bereich der genannten Flexurzone tritt die Struktur Wieluń auf. Ihre ausgeprägte Heraushebung und ihre allseitige Isolierung durch Störungen konnten zur Erhaltung der Bitumina beitragen, die unter den ursprünglichen Sedimentations-

Zeitschrift für angewandte Geologie (1960) Heft 5

verhältnissen an der Flexur zwischen dem Schelf und der Tiefenzone bei Wieluń die größten Aussichten für ihre Akkumulation gehabt haben. Die Lage der ursprüngchen Struktur Wieluń war günstiger als die von Ostrzeszów (Schildberg) (vgl. Abb. 5). Von Anfang an waren hier die Perm-Schichten höher gelagert und im Bereich derjenigen Zone abgesetzt, in der lokale Auskeilungen entstehen konnten. Dagegen sind die noch höher liegenden Orte Oleśno (Rosenberg) und Opole (Oppeln) von Wieluń durch Störungen getrennt, so daß eine eventuelle Zerstörung der dort ursprünglich vorhandenen Bitumenanreicherungen nicht deren Zerstörung bei Wieluń nach sich gezogen hat.

Die während des Bohrens im Gebiet von Wschowa (Fraustadt) und Ostrzeszów (Schildberg) angetroffenen und mit dem Zechstein verknüpften Öl- und Gasanzeichen sind eine ausreichende Begründung für die Fortführung der Prospektionsarbeiten im südlichen Randgebiet des Zechsteinbeckens. Die obenbeschriebene Struktur Wieluń verdient dabei in erster Linie berücksichtigt zu werden.

Diese Struktur war für eine Bitumenanreicherung nicht nur im Perm, sondern auch im Karbon und vor allem im Devon günstig gestaltet. Deshalb ist es erforderlich, hier eine Tiefbohrung (von etwa 3000 m) für Erkundungszwecke anzusetzen, die auch solche Devonschichten durchteuft, von denen aus diesem Gebiet keine näheren Daten vorhanden sind. Die Tiefbohrung könnte hier auch Prospektionsaufgaben erfüllen, wenn vorher gravimetrische Spezialuntersuchungen des Domes und seiner Umrandung (etwa 60 km^2), seismische Untersuchungen und gleichzeitig geochemische und radiometrische Oberflächenaufnahmen durchgeführt würden. Um einige Ergebnisse der gravimetrischen und seismischen Untersuchungen zu prüfen sowie den Umriß der Struktur an der Oberfläche zu bestimmen, wären auch geologische Flachbohrungen wünschenswert.

Zusammenfassung

Es wird die geologische Struktur des Gebietes von Wieluń geschildert. Die günstigsten paläogeographischen und strukturellen Bedingungen für eine Bitumenführung bzw. -anreicherung scheint das Perm aufzuweisen; doch auch Karbon und vor allem Devon sind dafür günstig. Die Heraushebung und allseitige Isolierung durch Störungen trug zur Erhaltung der Bitumina bei. Hinsichtlich der Bitumenführung liefern auch die beschriebenen Schichtprofile der Bohrungen viele Daten.

Резюме

Описывается геологическая структура района Велунь. Самыми благоприятными палеогеографическими и структурными условиями для битуминозности или накопления битума располагает по всей вероятности пермь; но благоприятными для этого являются также карбон и, прежде всего, девон. Приподнятие и всестороняя изоляция нарушениями способствовали сохранению битумов. Относительно битуминозности описанные разрезы толщ, вскрытые скважинами, дают много данных.

Summary

A description is given of the geological structure of the Wieluń district, where the Permian seems to provide the most favourable paleogeographic and structural conditions for bitumen-bearing and concentration, but also the Carboniferous and the Devonian are favourable for those processes. The preservation of bitumina was supported by the upward movement and isolation caused by disturbances on all sides. In addition many data referring to bitumen-bearing strata are available from the stratigraphic sections won by drillings.

Literatur

ASSMANN, P.: Die Tiefbohrung Oppeln. — Jb. preuß. geol. Landesanst., **46**, Berlin 1926.

— Die Tiefbohrung Leschna und ihre Bedeutung für die Stratigraphie der oberschlesischen Trias. — Jb. preuß. geol. Landesanst., **50**, Teil 1, Berlin 1929.

DABROWSKI, A.: Gravimetrische Karte von Polen, Schwereanomalien ‘γ_0″ — γ_0 (BOUGUER-Anomalien). — Geologischer Atlas von Polen, Tafel 5, Instytut Geologiczny, Warzsawa 1956 (französisch).

TOKARSKI, A.: Suchaufgaben der Bohrung Mogilno 1. — Nafta, Katowice, Nr. 1, 1958 (poln.).

ZWIERZYCKI, J.: Der geologische Bau des Flachlandgebietes zwischen dem Kujawisch-pommerischen Wall und dem Subsudetischen Wall. — Wydawn. Geolog., Warzawa 1955.

Einige Besonderheiten konventioneller elektrischer Bohrlochmeßkurven in „hartem“ Gebirge

KLAUS LEHNERT, Gommern

Unter „harten“ Gesteinen werden in der Terminologie der elektrischen Bohrlochmessung solche verstanden, deren spezifischer Widerstand den normaler sandigtoniger Sedimente um ein Mehrfaches übersteigt. Harte Gesteine können alle Sedimente geringer Nutzporosität sein, im engeren Sinne handelt es sich aber um karbonatische Gesteine, Salzgesteine, Anhydrite und Quarzite.

In sandig-tonigen Gesteinen ist der mit konventionellen Elektrodenanordnungen (Normal- und Gradientsonden) gemessene scheinbare spezifische Widerstand eine Funktion der spezifischen Gesteinswiderstände, der geometrischen Anordnung derselben, des Bohrlochdurchmessers, des spezifischen Widerstandes der Spülung und der Sondengeometrie. Je größer der spezifische Widerstand des Gebirges im Verhältnis zu dem der Spülung wird, um so mehr überwiegt der Einfluß der Spülungssäule, d. h. der Bohrlochgeometrie und des spezifischen Widerstandes der Spülung, auf den gemessenen Wert und auf die Form der registrierten Kurve. Für nichtleitendes Gebirge (extrem hartes Gestein) reduziert sich die Bohrlochwiderstandsmessung auf die Bewegung der Sonde in der nach außen weitgehend isolierten Spülungssäule, also in einem langgestreckten zylindrischen Leiter, dessen Durchmesser in den einzelnen Abschnitten verschieden sein kann, während sein spezifischer Widerstand fast konstant ist. Nur dort, wo das Bohrloch eine Schicht nennenswerter Leitfähigkeit durchsunken hat, kann der Meßstrom bzw. ein Teil desselben die Spülungssäule verlassen. Der Begriff „Widerstandsmessung“ hat unter diesen Verhältnissen kaum noch eine physikalische Berechtigung und ist lediglich bildhaft zu verstehen.

Ein typisches Schichtenprofil dieser Art bildet die gesamte Zechsteinformation. In den Erdöl- und Erdgasbohrungen der Thüringer Mulde sind Salztone und geringmächtige poröse bzw. kavernös-klüftige Zonen in Dolomiten und Anhydriten die einzigen Zechsteingesteine, deren spezifischer Widerstand für praktische Zwecke nicht als unendlich angenommen werden kann. Harte Gesteine finden sich weiterhin im Muschelkalk und vereinzelt auch im jüngeren Mesozoikum (Korallenoolith des Oxford!); der Zechstein bildet indessen wegen seiner Öl- und Gasführung die weitaus wichtigste Gesteinsfolge dieser Art in der DDR. Über die Möglichkeiten der Untersuchung der Zechsteingesteine, insbesondere des Staßfurt-Hauptdolomits, mit moderneren Bohrlochmeßmethoden berichtete BECKER (1959). Neuerdings werden auch Messungen mit fokussiertem Strom, ähnlich dem Laterolog-7-Verfahren, durchgeführt. Da jedoch bis vor kurzem in dem genannten Gebiet fast ausschließlich konventionelle Meßverfahren angewandt wurden und das so angesammelte Material bisher nur zu Korrelationszwecken diente, sollen hier einige einfache Hinweise zur qualitativen Deutung dieser Kurven, die ihren dokumentarischen Wert ja nicht verlieren, aber nur ausnahmsweise noch durch bessere zu ersetzen sind, gegeben werden.

1. Es ist bekannt, daß die konventionellen elektrischen Bohrlochmeßverfahren in harten Gesteinen Kurven geringer Aussagekraft liefern. Insbesondere ist keine qualitative lithologische Aufgliederung des Profils nach den Größen der mit verschiedenen Sonden gemessenen scheinbaren spezifischen Widerstände möglich (von der Ermittlung des wahren spezifischen Widerstandes ganz zu schweigen), weil die Gesteine praktisch nichtleitend sind. Die Tatsache, daß trotzdem eine Widerstandskurve registriert werden kann, ist auf das Vorhandensein der meist recht gut leitenden Spülung zurückzuführen, in der die Meßfahrt stattfindet. Der von der Stromelektrode A ausgehende Strom fließt die Spülungssäule hinauf und hinunter, bis er an der nächsten gutleitenden Schicht das von nichtleitendem Gestein umschlossene Bohrloch verlassen kann. Die das Bohrloch hinauf- und hinunterfließenden Komponenten I_A, I_U des Gesamtmeßstromes I sind den bohrlochauf- und -abwärts angetroffenen Widerständen R_A, R_U umgekehrt proportional (genauer: sind den in beiden Richtungen bestehenden Erdungswiderständen umgekehrt proportional). Ein Grenzfall dieser Art tritt auf, wenn eine harte Schicht nicht durchsunken wurde, nach unten also keine „Erdung" möglich ist. In diesem Fall, für den Abb. 1 ein Beispiel zeigt, muß der gesamte Strom die Bohrung hinauffließen.

Eine Oberkanten-Gradientsonde der Anordnung NM—A (Meßelektroden über der Stromelektrode) mißt infolgedessen in einer solchen Sackgasse einen gleichbleibend hohen Wert (hier etwa 60 Ohm · m), der nur von der Sondenkonstante und dem bohrlochaufwärts bestehenden Erdungswiderstand abhängt. Eine Unter-

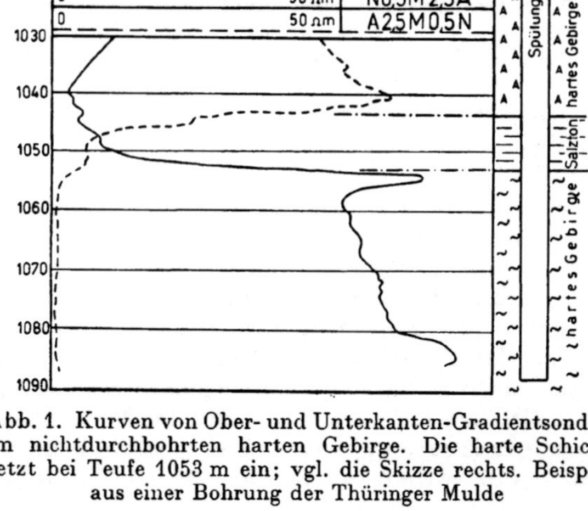

Abb. 1. Kurven von Ober- und Unterkanten-Gradientsonden im nichtdurchbohrten harten Gebirge. Die harte Schicht setzt bei Teufe 1053 m ein; vgl. die Skizze rechts. Beispiel aus einer Bohrung der Thüringer Mulde

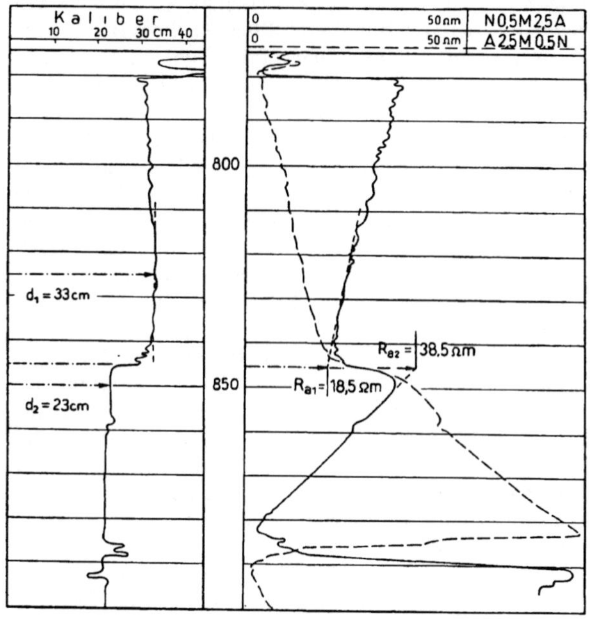

Abb. 2. Abschnitte verschiedenen Bohrlochdurchmessers im nichtleitenden Gebirge bewirken Versetzungen und verschiedene Steilheit der Gradientsondenkurven. Beispiel aus einer Bohrung der Thüringer Mulde

kanten-Gradientsonde A—MN (Meßelektroden unter der Stromelektrode) registriert praktisch Null, weil nach unten kein Strom fließt, zwischen M und N also auch keine Potentialdifferenz besteht. Bei Normalsonden treten ähnliche Effekte auf, je nachdem, ob in der Anordnung N—MA, N—AM oder einer anderen gemessen wurde.

In harten Schichten, die bereits durchbohrt wurden, liegen die Kurven von Gradientsonden zwischen den beiden in Abb. 1 gezeigten Extremfällen. Je näher die Stromelektrode A der Grenze zur gutleitenden Schicht rückt, um so geringer wird der dazwischenliegende Widerstand der Spülungssäule; damit nimmt auch die Stromdichte in der Spülungssäule zu. Liegen die Meßelektroden M und N zwischen A und der Grenze zur gutleitenden Schicht, so tritt bei Annäherung an die Schichtgrenze eine immer größer werdende Potentialdifferenz zwischen M und N auf, d. h., es wird ein immer größerer Meßwert registriert. In der harten Schicht erzielt man also mit Gradientsonden geradlinige Bohrlochmeßkurven mit dem Höchstwert in der Schichtoberkante bei der Elektrodenanordnung NM—A bzw. in der Schichtunterkante bei der Anordnung A—MN. Besonders charakteristisch ist diese Kurvenform auf Abb. 4 zu erkennen; die Oberkante der harten Schicht liegt bei Teufe 940 m, die Unterkante bei ca. 995 m.

Die mit Normalsonden erzielten Kurvenbilder lassen sich in ähnlicher Weise herleiten; von ihrer Beschreibung soll hier abgesehen werden, da je nach der Elektrodenanordnung (N—MA, N—AM oder ideale Normalsonden: AM, MA) erhebliche Unterschiede entstehen.

Ein Fall, wie ihn die Kurven von Abb. 4 im angegebenen Teufenbereich zeigen, liegt vor, wenn das Gebirge praktisch nichtleitend, die Spülung homogen und das Bohrloch überall gleich weit ist. Besteht die harte Schicht jedoch aus verschiedenen, verschieden stark von der Spülung angreifbaren Gesteinen, so bilden sich im Laufe der Zeit Unterschiede im Bohrlochdurchmesser aus. Da der mit Gradientsonden gemessene scheinbare spezifische Widerstand R_a proportional der an den Meßelektroden herrschenden Stromdichte i ist, in diese aber nach der Gleichung [1])

$$i = \frac{I}{F} = \frac{I}{d^2\frac{\pi}{4}}$$

der Bohrlochdurchmesser d eingeht, zeichnen sich Änderungen von d durch Versetzungen und verschiedene Steilheit der Bohrlochmeßkurve ab. Ein Beispiel zeigt Abb. 2. Fehlt die Kalibermessung — die früher nicht obligatorisch war —, so läßt sich aus der Größe der Versetzung der Durchmesser d_1 der z. B. im Steinsalz gebildeten Kaverne berechnen. Da d_2 im nicht von der Spülung angegriffenen Gebirge gleich dem Meißeldurchmesser d_M (nominaler Bohrlochdurchmesser) gesetzt werden kann, ergibt sich der Durchmesser der Kaverne aus

$$\frac{R_{a_2}}{R_{a_1}} = \frac{d_1^2}{d_2^2}$$

zu

$$d_1 = \sqrt{d_M^2 \frac{R_{a_2}}{R_{a_1}}}$$

Darin ist d_1 der größere, d_2 der hier gleich d_M gesetzte kleinere Durchmesser, R_{a_1} der Minimalwert, R_{a_2} der Maximalwert des mit einer Oberkanten-Gradientsonde in Höhe der Versetzung der Kurve gemessenen scheinbaren spezifischen Widerstandes. Wie Abb. 2 zeigt, müssen R_{a_1} und R_{a_2} durch Extrapolation gewonnen werden, da die Versetzung wegen der Stetigkeit der Stromdichte, des endlichen Abstandes zwischen M und N und der nicht plötzlich erfolgenden Kaliberänderung etwas abgerundet erscheint.

Diese Beziehung gilt naturgemäß meistens nur näherungsweise; insbesondere müssen die Hangend- und Liegendschichten (in Abb. 2 oberhalb 780 m und um 887 m) sehr gut leiten, so daß ihr spezifischer Widerstand gleich Null gesetzt werden kann, die Bohrlochwände dürfen im harten Gebirge nicht durch Infiltration oder Diffusion verändert sein usw. Diese Bedingungen sind im Beispiel von Abb. 2 erfüllt, der für d_1 errechnete Wert stimmt mit dem gemessenen überein.

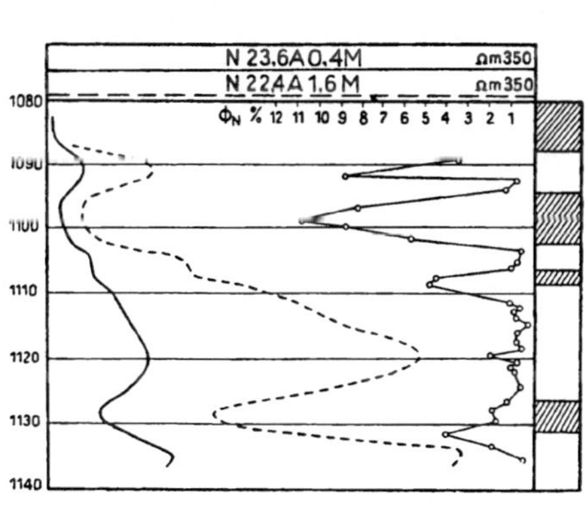

Abb. 3. Gegenüberstellung der Bohrlochmeßkurven und des qualitativ aus ihnen abgeleiteten Porositätsprofils (rechts; poröse Zonen schraffiert) mit den am Kern gemessenen Porositäten des Hauptdolomits aus einer Thüringer Tiefbohrung

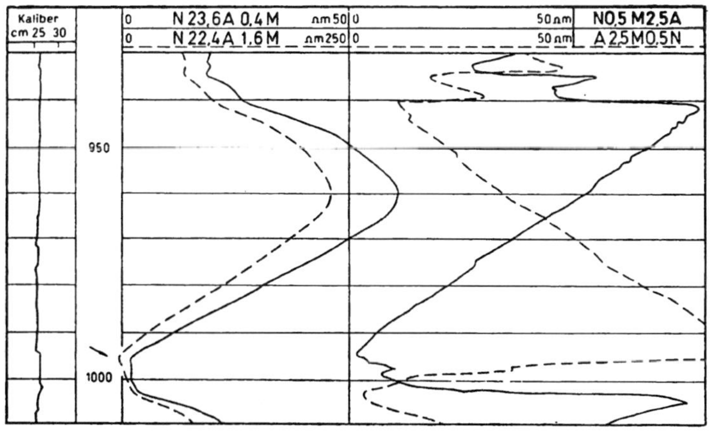

Abb. 4. An der Unterkante des „harten" Schichtpakets liefert die lange Normalsonde N 22,4 A 1,6 M einen negativen Meßwert. Das Beispiel ist für das Verhalten von Normalsonden (abgerundete Kurven) und Gradientsonden (geradlinige Kurven) in harten Gesteinen mit gleichbleibendem Bohrlochdurchmesser typisch.

In fast jedem Falle aber erlaubt die Änderung der Form der Bohrlochmeßkurven an Schichtgrenzen die sichere Trennung von Salzgesteinen gegen Anhydrit und Dolomit, bei geringer Kavernenbildung schon durch die die beginnende Auflösung des Salzes widerspiegelnde Zackigkeit gegenüber dem im Anhydrit oder Dolomit geradlinigen Kurvenverlauf.

2. Ist ein hartes Gestein wie der Hauptdolomit durch poröse und permeable Lagen, die als Öl- und Gasspeicher in Frage kommen, ausgezeichnet, so können die elektrischen Bohrlochmeßkurven für ihre Ausgliederung herangezogen werden. Den Kurven von Normalsonden ist dabei wegen der übersichtlicheren Form der Indikationen zunächst der Vorzug zu geben, die Kurven von Gradientsonden reagieren aber viel empfindlicher, so daß sie eine genauere Abgrenzung der gesuchten porösen Zonen gestatten. Voraussetzung ist eine nicht zu geringe Wassersättigung bzw. genügend tiefe Spülungsinfiltration bei geringem Restölgehalt, damit überhaupt durch unterschiedliche Formationsfaktoren bedingte Unterschiede im spezifischen Widerstand herauskommen.

In Abb. 3 sind Bohrlochwiderstandsmessungen dem am Kern aufgenommenen quantitativen Porositätsprofil gegenübergestellt. Der konforme Verlauf der Widerstandskurven mit der Porositätskurve ist unverkennbar (Φ_N = Nutzporositat). Zusätzlich ist in Abb. 3 ein in einfachster Weise ohne Kenntnis der tatsächlichen Porositäten aus den Normalsonden-Kurven konstruiertes qualitatives Porositätsprofil eingezeichnet. Würde kein Kern vorgelegen haben, so hätte das qualitative Profil für eine erste Orientierung über die Porositätsverteilung genügt. Dabei ist noch zu berücksichtigen, daß diese Art der Ermittlung poröser Zonen auch kavernös-klüftige Gesteinspartien zu erfassen gestattet, die für die Öl- bzw. Gasführung wegen ihrer z. T. außerordentlich hohen Permeabilitäten von besonderer Bedeutung sind. Am Kern läßt sich dagegen durch Messung meist nur die intergranulare Nutzporosität bestimmen.

Dieses Verfahren kann von besonderer Bedeutung sein, weil große Schwierigkeiten bei der Aufnahme ungestörter SP-Kurven bestanden, die sonst zur Ausgliederung poröser und permeabler Schichten dienen.

[1]) Die Gleichung gilt exakt nur für sehr hohe Werte R_t/R_m (R_t = spez. Widerstand des Gebirges, R_m = spez. Widerstand der Spülung); für niedrigere Werte dieses Quotienten wird der Stromdichteausdruck wesentlich verwickelter.

In fast allen Fällen war die SP-Messung überhaupt nicht durchführbar.

3. Da die hier besprochenen Messungen nicht mit idealen Normal- und Gradientsonden (AM; AO), sondern mit realen Sonden (N—AM bzw. N—MA; A—MN, NM—A) durchgeführt wurden, treten in harten Gesteinen unkontrollierbare Abweichungen vom idealen Kurvenverlauf auf, die oft unerkannt bleiben, wenn sie sich nicht in Form sog. „negativer Widerstände" äußern. Negative Registrierungen werden z. B. mit langen Normalsonden der Anordnung N—AM regelmäßig an der Unterkante des Hauptanhydrits (± Plattendolomits) gegen den Grauen Salzton erhalten (vgl. Abb. 4). Es handelt sich hier nicht um einen Meßfehler, sondern um eine bei der verwendeten Elektrodenanordnung unvermeidliche Erscheinung, die durch die an der Unterkante des nichtleitenden Gesteins auftretende anomale Potentialverteilung bedingt ist (N als entferntere Elektrode erhält von A ein höheres Potential als die A viel näher liegende Elektrode M). Eine Umstellung der Elektrodenanordnung auf N—MA schafft keine Besserung, sondern verschleiert nur die Störung. Erst die Verwendung idealer bzw. pseudoidealer Sonden (Abstand zwischen N und AM größer als die Mächtigkeit der harten Schicht) würde hier Abhilfe schaffen. Bei Gradientsonden sind die Störungen geringer, sie lassen sich aber wegen der Unmöglichkeit der direkten Potentialgradientenmessung nicht völlig beseitigen.

Die in harten Gesteinen erhaltenen Eigenpotentialkurven bedürfen hier keiner Behandlung, da sie von Doll (1949) in ausführlicher Form beschrieben wurden und überdies im Thüringer Erdöl- und Erdgasgebiet kaum jemals zufriedenstellend registriert werden konnten.

Zusammenfassung

Konventionelle Bohrloch-Widerstandsmessungen mit Normal- und Gradientsonden sind zur quantitativen Untersuchung harter Gesteinsfolgen nicht und zur qualitativen Untersuchung nur bedingt geeignet. Trotzdem lassen sich — neben der Verwendung der Kurven zu Korrelationszwecken — den Kurven bei Kenntnis ihres Verhaltens und der wichtigsten Störungen Informationen entnehmen, die wegen der inzwischen erfolgten Verrohrung oder Verfüllung der Bohrungen nicht mehr durch Anwendung modernerer Verfahren erhalten werden können.

Резюме

Каротажные диаграммы, получаемые обычными потенциал- и градиентзондами, пригодны только для качественного изучения разрезов, сложенных плотными породами, если известен характер возникающих искажений. В статье приведены характерные искажения кривых КС, возникающие в высокоомных породах Тюрингии, и примеры определения местоположения пористых и проницаемых зон и определения диаметра скважины по кривым КС.

Summary

It is impossible to interpret conventional resistivity logs with normal and lateral devices in hard formations quantitatively. Also a qualitative interpretation gives sufficient results only in some cases. In spite of these well known facts some additional information may be got from such logs — besides their use for correlation purposes —, if the characteristical shape and the most important disturbances of the curves are known. Derivation of this information from modern logging methods in many cases is impossible because the boreholes were cased or liquidated since the conventional logs were run.

Literatur

Becker, A.: Geophysikalische Bohrlochmessungen im Zechstein-Hauptdolomit. — Z. angew. Geol., Bd. 5, S. 445—450 (1959).

Doll, H. G.: The S. P. Log: Theoretical Analysis and Principles of Interpretation. — Trans. A. I. M. E., 179 (1949), S. 146—185. Petr. Techn., A. I. M. E. Tech. Pub. Nr. 2463 (Sept. 1948). Petr. Trans. Reprint Series, No. 1 (Well Logging), S. 15—34 (1958).

Stickstoffausbrüche in den Mansfelder Schichten (Stefan)

Walter Remus, Sangerhausen

Bei der Auffahrung und beim Abbau des Kupferschieferflözes traten und treten in den verschiedenen Schichten des Mansfelder und Sangerhäuser Bergbaues Gase auf, die eine gewisse Gefährdung bedeuten. Im Hangenden des Kupferschieferflözes sind stellenweise Methan und Kohlenoxyde vorhanden, während im Liegenden im wesentlichen Stickstoff angereichert sein kann.

Bei den Ausrichtungsarbeiten im Bereich des Grubenfeldes des VEB Kupferbergbau „Thomas Münzer", Sangerhausen, wurden an verschiedenen Punkten im Liegenden des Kupferschieferflözes rotgefärbte Gesteine, die als Wechsellagerung von Schiefertonen, Quarzitkonglomeraten, feinklastischen Sandsteinen und Arkosesandsteinen vorliegen, angefahren. Diese kann man nach E. Schröder (1934) den Mansfelder Schichten des Stefans zuordnen.

Bei der Auffahrung des Flachen 7a von der 6. zur 7. Sohle im Jahre 1954 konnten erstmalig Stickstoffausbrüche in den liegenden Schichten näher beobachtet werden. Diese Zone befindet sich etwa 20 m unter dem Kupferschieferflöz. Inwieweit bei Auffahrungen oberhalb der 5. Sohle, d. h. vor 1954, ähnliche Erscheinungen auftraten, läßt sich nicht mehr exakt feststellen, da

Abb. 1. Querschlag 7. Sohle bei 2841 m, Ausbruch am 13. 9. 57, typische zwiebelschalige Absonderung des Gesteins. Aufn. Kessler

Abb. 2. Querschlag 7. Sohle bei 2843 m, gasführender Sandstein. Aufn. KESSLER

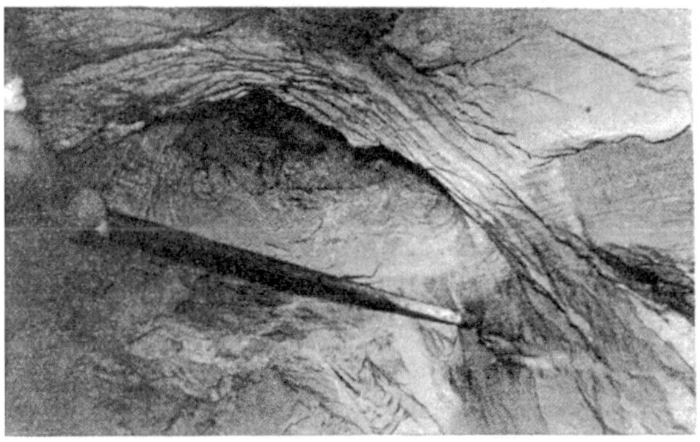

Abb. 3. Querschlag 7. Sohle bei 2843 m, kleine Spezialrachel. Aufn. KESSLER

darüber nur unvollständige Unterlagen vorhanden sind. Durch den Querschlag in der 7. Sohle wurden wieder Gesteine des Oberkarbons aufgeschlossen. Hier konnten bei etwa 480 m südlich vom Schacht beim Bohren leichte Entgasungen festgestellt werden, wobei auch beim Abtun der Schüsse kleinere wechselartige Ausbrüche des Gesteins auftraten. Bei der weiteren Auffahrung dieses Querschlages wurde bei 2687 m südlich des Schachtes von neuem, bedingt durch eine tektonische Störung, das Oberkarbon angefahren, wobei sich die Gasausbrüche wiederholten.

Beschreibung der einzelnen Gasausbrüche

Im folgenden wird eine Beschreibung der einzelnen Gasausbrüche in der chronologischen Reihenfolge ihres Auftretens gegeben.

Flachen 7a

12. 10. 1954: Nach dem Abtun der Schüsse gegen 20,00 Uhr konnten Rißbildungen von 20 cm Breite und 4 m Länge in der Vortriebsrichtung im Gestein beobachtet werden. An den Stößen hatten sich zwiebelschalige Aushöhlungen gebildet, die mit dem Auftreten von geringen Mengen Mg-Cl_2-Lauge verbunden waren.

16. 10. 1954: Ähnliche Erscheinungen wie am 12. 10. traten auf.

19. 10. 1954: Ähnliche Erscheinungen wie am 12. 10. traten auf.

29. 10. 1954: Es wurde im Flachen 7a gegen 8,45 Uhr bei etwa 260 m abgeschossen. Nach dem 23. von den 25 angesetzten Schüssen machte sich ein stärkeres Rauschen bemerkbar, das in größere Detonationen überging. Gleichzeitig erfolgte ein kräftiger Wetterrückstoß. Dabei entstand ein Hohlraum von etwa 125 m³, wobei typische Rachelbildungen erkennbar waren. An der Ortsbrust hatte eine Rachel einen Durchmesser von 4—5 m. Aus diesen Racheln wurden zwei Wetterproben entnommen, die folgendes Analysenergebnis zeigten:

	1. Probe	2. Probe
O_2	0,6%	0,4%
N_2	90,5%	91,4%
CH_4	6,0%	6,0%
CO	0,0%	0,0%
CO_2	0,2%	0,2%
H_2	2,7%	2,0%

Querschlag 7. Sohle

11. 12. 1954: Bei einer Befahrung im Querschlag 7. Sohle wurde beim Bohren ein Entgasen aus den Bohrlöchern festgestellt. Gegen Ende der Frühschicht fand beim Abtun der Schüsse ein kleiner Gasausbruch statt, der aber keine Hohlräume schuf. Der Querschlag stand etwa 480 m südlich vom Schacht.

20. 6. 1957: Im Querschlag 7. Sohle bei 2687 m südlich des Schachtes ereignete sich ein erneuter Ausbruch, der einen Hohlraum von etwa 6 m, d. h. etwa 60 m³, entstehen ließ. Die seitliche Ausdehnung dieses Hohlraumes war nicht genau feststellbar. Es traten typische Zwiebelschalenbildungen auf. Der gasführende Kaolinsandstein

Abb. 4. Querschlag 7. Sohle bei 2851 m, Übergang vom gasführenden Sandstein zum schwachsandigen Schieferton. Aufn. KESSLER

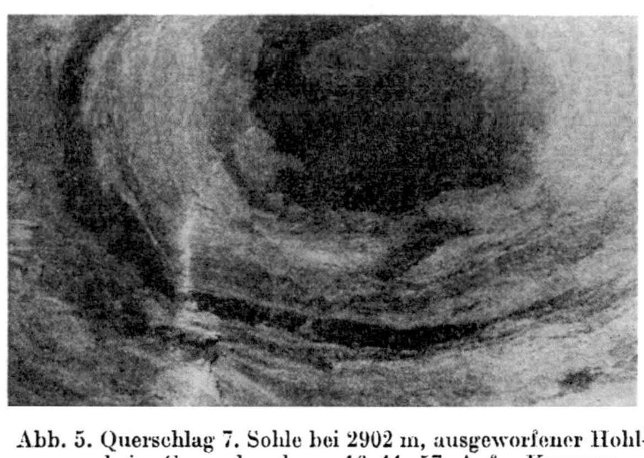

Abb. 5. Querschlag 7. Sohle bei 2902 m, ausgeworfener Hohlraum beim Gasausbruch am 16. 11. 57. Aufn. KESSLER

kommt bei etwa 2676 m in die Sohle und steigt mit 25—30° nach Süden an. Nach Angabe der Ausrichtungsbrigaden traten schon zwischen 2676 und 2687 m leichte Entgasungen beim Schießen auf. Die Wetterprobe, die aus dem Wetterstrom entnommen wurde, ergab fast normale Verhältnisse.

13. 9. 1957: Bei 2835 m südlich des Schachtes erfolgte wiederum ein Ausbruch im Querschlag 7. Sohle. Durch den Auswurf der Gesteinsmassen wurde ein Hohlraum von 10—14 m Höhe und 6—8 m Breite, d. h. etwa 280 m³, geschaffen, der sich nach oben kuppelartig zuspitzte. Es handelt sich um einen feldspatreichen, kaolinisierten, fein- bis mittelkörnigen Sandstein. Die Abb. 1 zeigt diese Verhältnisse deutlich. Es trat typische Zwiebelschalenbildung auf.

23. 9. 1957: Beim Abtun der Schüsse ereignete sich ein erneuter Gasausbruch im Querschlag 7. Sohle, 2843,5 m südlich vom Schacht. Die Abb. 2 läßt die stark kaolinisierte Schicht erkennen, die als gasführend anzusehen ist. Der darüberliegende feinkörnige, glimmerführende Sandstein wurde nicht deformiert und ist nur durch die Detonation mit hereingebrochen.

26. 9. 1957: Der beim Schießen gegen 21,00 Uhr erfolgte Ausbruch bei 2846 m südlich vom Schacht hinterließ einen Hohlraum von etwa 8 m Höhe und 5—6 m Breite. Hier war schon ein leichtes Einfallen der Schicht nach Süden feststellbar. Das Gesamtbild ist folgendes: Kreuzgeschichtete Arkosen enthalten Zonen besonders hohen Feldspatanteils, der fast völlig in Kaolin umgewandelt ist. Brekzienartige Schiefertonpartien sind eingelagert. Das Gestein zeigt an den Rändern des Hohlraumes über der Firste einen zwiebelschaligen Aufbau. Hierbei wurde der stehengebliebene Pfeiler zwischen 2843,5 und 2846 m, an dem dieser Ausbruch erfolgte, durchschlagen.

Aus Abb. 3 erkennt man eine kleine Spezialrachel mit den typischen Erscheinungen eines Gasausbruches.

3. 10. 1957: An diesem Tage stand die Ortsbrust bei 2850 m, wo wiederum ein Gasausbruch auftrat. Der Hohlraum erreichte eine Höhe von ca. 4 m. Wiederum trat Zwiebelschalenbildung auf. Hier konnte beobachtet werden, daß schon beim Bohren der Sprenglöcher leichte Entgasungen stattfanden, die das Bohrwasser ruckartig aus dem Bohrloch trieben.

5. 10. 1957: Bei 2851 m erfolgte ein erneuter Ausbruch, der zu einem Hohlraum von ca. 7 m Höhe, 6 m Breite und 6,5 m Tiefe führte.

Die Abb. 4 zeigt deutlich den Übergang von dem gasführenden, kaolinisierten Arkosesandstein zum schwachsandigen Schieferton, der keine Zwiebelschalenbildung mehr zeigt, sondern nur durch die Explosion mit hereingebrochen ist.

9. und 10. 10. 1957: Es erfolgten vermutlich keine Gasausbrüche, sondern das durch vorhergehende Ausbrüche gelockerte Gestein brach durch das Abtun der Schüsse herein.

11. 10. 1957: Bei 2857,5 m trat erneut ein Gasausbruch beim Schießen auf, wobei ein Hohlraum von 4 · 6,5 · 4,5 m entstand.

17. 10. 1957: Bei dem an diesem Tage erfolgten Ausbruch bei 2863 m bildete sich ein Hohlraum von ca. 6 m Höhe. Es war ein schalenförmiger Ausbruchsraum in Höhe der Ortsbrust, wo die kaolinisierte Arkose anstand.

28. 10. 1957: Bei 2875 m südlich vom Schacht handelt es sich um eine zweite kaolinisierte Arkoseschicht, die von der ersten durch eine ca. 4 m mächtige, sandige, gasfreie Schiefertonlage getrennt war. Der Ausbruch erfolgte aus der Firste durch das Abtun der Schüsse.

4. 11. 1957: Bei 2890 m erfolgte beim Schießen ein Ausbruch, der einen Hohlraum von ca. 8 m Höhe hinterließ. Das gasführende Gestein befindet sich in der Sohle, und der Hohlraum entstand im Arkosesandstein II.

8. 11. 1957: Ein Ausbruch fand bei 2895 m statt.

16. 11. 1957: An diesem Tag war ein Ausbruch aus der Arkosesandsteinschicht II erfolgt. Der Querschlag stand bei 2902 m südlich vom Schacht. Es waren wieder typische Rachelbildungen vorhanden, wie sie die Abb. 5 zeigt. Die Schichten fallen nach Süden ein, so daß die kaolinisierte Arkose II langsam in der Sohle verschwindet.

21. 11. 1957: Aus dem obengenannten Grund war der Gasausbruch bei 2907 m erheblich geringer, obwohl noch typische Zwiebelschalenbildung auftrat.

Bei ca. 2940 m befand sich die zweite kaolinisierte Schicht unterhalb der Sohle. Dazwischen traten noch einzelne kleine Ausbrüche auf, die aber nur als Racheln von max. 1—2 m Durchmesser und ca. 1 m Höhe hervorgingen.

7. Sohle Ost

4. 2. 1957: Bei ca. 620 m fand in der 7. Sohle Ost ein leichter Stickstoffausbruch statt, wobei sich zwar typische zwiebelschalige Absonderungen im Gestein bemerkbar machten, sich jedoch nur Vertiefungen von 1 m Durchmesser bildeten.

Flaches 8b

8. 4. 1958: Das Flachen stand bei 415 m südlich der 7. Sohle West in den Schichten des Oberkarbons ca. 20 m unter dem Flöz. In der Ortsbrust waren kleine Auskesselungen von 1—2 m Durchmesser vorhanden. Nach Angaben der Hauer hatten beim Schießen nur zwei Schüsse gezündet.

15. 4. 1958: Bei 425 m zeigten sich ebenfalls Erscheinungen eines leichteren Gasausbruches.

28. 4. 1958: Die Ortsbrust des Flachen stand bei 440 m, und es waren auch hier Erscheinungen eines leichten Gasausbruches zu erkennen. Bei allen Ausbrüchen in diesem Flachen traten Tropfstellen von stark bitterem Salzwasser auf. An einer Kluft konnten sogar Tropfen von Erdöl beobachtet werden.

Im Rahmen einer Diplomarbeit von M. KURZE (1959) wurde der Versuch unternommen, die geologischen Verhältnisse der Gasvorkommen eingehend zu klären. Die Ergebnisse dieser Arbeit sollen zu gegebener Zeit veröffentlicht und hier nicht vorweggenommen werden.

Literatur

BERG, G.: Gasausbrüche in Bergwerken. — Sitzungsber. d. Preuß. Geol. Landesanst., H. 6, S. 41—60, Berlin 1931.

KURZE, M.: Petrographisch-Geologische Bearbeitung der oberkarbonen und rotliegenden Sedimente der Sangerhäuser Mulde. — Diplomarbeit am Geologischen Institut der Bergakademie Freiberg, Freiberg 1959.

SCHRÖDER, E.: Sedimentation und Tektonik im Jungpaläozoikum am östlichen Harzrande und in den Nachbargebieten. — Jahrb. d. Preuß. Geol. Landesanst., Bd. 55, S. 168—197, Berlin 1934.

Verwachsungsverhältnisse von Pyrit und Keratophyr auf der Schwefelkieslagerstätte Grube „Einheit", Elbingerode (Harz)

HORST SCHEFFLER, Wernigerode (Harz)

1. Vorbemerkung

Um die Eignung der Pyriterze unter 22% Schwefelgehalt für einen Aufbereitungsprozeß festzustellen, wurden zwei Forschungsaufträge durchgeführt. Der eine davon betraf halbtechnische Versuche mit Material des Lagerstättendurchschnittsgehaltes im Freiberger Forschungsinstitut für Aufbereitung (FIA), der andere die Verwachsungsverhältnisse zwischen den einzelnen Pyritkörnern und dem Nebengestein. Beide Forschungsarbeiten brachten positive Ergebnisse. Sowohl die halbtechnischen Versuche als auch die bei der Erzmikroskopie getroffenen Feststellungen erlauben den Bau einer Aufbereitungsanlage und damit eine Erweiterung der heimischen Schwefelkiesproduktion.

2. Genesis der Lagerstätte

Das Trägergestein des Erzes ist der obermitteldevonische effusive Keratophyr, der zwischengelagerte Schalsteine verschiedenster Ausbildung führt und vom hangenden Massenkalk sehr oft durch geringmächtige Tufflagen getrennt ist. Der Mineralbestand des Keratophyrs ist mehr oder weniger vollständig durch vermutlich ebenfalls obermitteldevonische Hydrothermen unter gleichzeitigem Absatz des Pyrits gelöst worden. Der Erzbringer war wahrscheinlich ein Subvulkan. Da die Lösungen den hangenden, reaktionsfähigeren Kalk nicht angegriffen haben, muß ein basischer p_H-Wert der Hydrothermen angenommen werden. Der vollständigste metasomatische Stoffwechsel ist bis auf wenige Ausnahmen immer an den mittelsteil einfallenden Kalk-Keratophyr-Grenzen zu verzeichnen.

Die Lagerstätte ist monomineralisch, wenn man von örtlichen, selten 1 Vol.-% überschreitenden Anhäufungen von Magnetitkörnchen, die durchschnittlich 10—15 μ groß und von unregelmäßiger Gestalt sind, absieht.

3. Erzmikroskopische Ergebnisse

Es konnten erzmikroskopisch 3 Typen der Erzausbildung nachgewiesen werden. Zwischen diesen Typen sind gewisse Übergänge zu verzeichnen. Ebenso wurden auch Kombinationen einzelner Typen festgestellt. Diese 3 Ausbildungsformen gelten grundsätzlich für den gesamten Grubenbereich.

Typ I (Derberz)

Dieser Erztyp mit 40—45% Schwefel tritt relativ selten und vorwiegend in Flankennähe auf. Lokal ist er auch in schwächer vererzten Partien anzutreffen und dort schon als ein extrem vergrößerter Erztyp II anzusprechen.

Der theoretische Gehalt des reinen Pyrits mit 52% S wird im Erz nie erreicht, da immer Reste vom Keratophyr und (— oder —) sekundäre Quarzbildungen oder (— und —) Karbonspatablagerungen vorhanden sind. Außerdem kann die Intensität des metasomatischen Prozesses im mm-Bereich sporadisch wechselnd gewesen sein.

Das Kornspektrum weist 2 ausgeprägte Maxima bei 700—800 μ und 200—300 μ auf, es reicht aber von 10 bis 4000 μ. Die meisten der über 500 μ großen Körner sind kataklastisch zerbrochen oder angebrochen, die Bruchstücke bzw. Bruchstückfragmente bewegen sich in der Größe um 100—150 μ. Die Körner weisen wachstumsbedingt eine unregelmäßige Morphologie auf. Dabei herrschen eckige Formen bei weitem vor.

Typ II (Trumerz)

Dieser Erztyp macht den weitaus größten Teil des aufbereitungsfähigen Gutes aus. Das so struierte Material ist aber nicht immer geeignet, weil der S-Gehalt entweder an eine geringe Anzahl breiter oder an eine größere Anzahl schmaler Trümer gebunden ist (siehe unten). Der Gehalt an nutzbarem Schwefel bewegt sich zwischen 15 und 30%. Die Kombination von Typ I und Typ II weist Gehalte zwischen 30 und 40% S auf.

Die Metasomatose ist in diesem Typ nicht vollständig abgelaufen. Sie ging entweder von Haarrissen aus oder von vorhandenen Kontraktionsklüften. Je nach der Anordnung der Klüfte handelt es sich nur um eine trumförmige Vererzung oder um eine netzförmige Ausbildung.

Zwischen der Trumbreite und der Korngröße besteht in den meisten Fällen eine Abhängigkeit, indem die Korngröße $^1/_4$ bis $^1/_6$ der Trumbreite ausmacht. Vor allem Trümer über 1000 μ Breite weisen z. T. eine Begleitzone des Erztypes III auf. Eine Gesetzmäßigkeit konnte nicht festgestellt werden.

Die einzelnen Erzkörnchen sind in den seltensten Fällen idiomorph ausgebildet, es herrschen auch hier eckige Formen vor. In mehreren Fällen konnte eine Wachstumsbehinderung innerhalb der Trümer verzeichnet werden. Die Körner sind dann rechteckig im ungefähren Seitenverhältnis 3:5 ausgebildet und stehen mit der längeren Seite senkrecht zur Trumrichtung.

Typ III (Diffuserz)

Der geringvererzte Keratophyr mit weniger als 15% Schwefel ist in den meisten Fällen zu diesem Typ zu stellen. Formal läßt sich dieser Typ noch in die Gruppen der diffusen und der wolkig-diffusen Ausbildung unterteilen. Bei der diffusen liegen regellos z. T. sehr gut idiomorph ausgebildete Pyritkörner im Trägergestein. Die wolkig-diffuse Vererzung ist eine ebenfalls sporadische, aber lokal gehäufte Ausscheidung der Pyritkörner. Das Kornspektrum dieses Erztypes weist zwei ausgeprägte Maxima bei ± 10 μ und ± 25 μ auf, die Korngrößen liegen zwischen 1 μ und 50 μ.

Die erzmikroskopische Bemusterung hat gezeigt, daß es keinen vollkommen sterilen Keratophyr gibt, nur die Intensität der Metasomatose ist verschieden gewesen.

4. Wirtschaftliche Ergebnisse

An Hand der Korngrößenverteilung kann festgestellt werden, daß die Erztypen I und II aufbereitungsfähig sind. Der größte Teil der Vorratspositionen über 15% S steht also dem Aufbereitungsprozeß zur Verfügung.

Keratophyr mit einem S-Gehalt unter 15% ist auf Grund der Korngrößen des Pyrits und ihrer prozentualen Verteilung nur selten als Aufgabegut geeignet, Material unter 10% S ist vermutlich völlig ungeeignet. Eine Grenzziehung bei bestimmten Schwefelgehalten wäre dogmatisch, in den Grenzbereichen muß jeweils die Mikroskopie entscheiden.

Mit Verlusten der nutzbaren Komponente ist in erzmikroskopisch nicht bestimmbarer Höhe zu rechnen, weil ein gewisser Kornanteil des Erzes vom Typ I und II unter der Erfassungsgrenze der Aufbereitungsmethode liegt. Zum anderen wird durch den Zerkleinerungsprozeß in Brech- und Mühlanlagen eine gewisse Kornverkleinerung des Pyrits schon dadurch auftreten, daß der äußerst feinkörnige Keratophyr mit seinem Intersertalgefüge weitaus zäher als der Pyrit ist.

Die Rolle der Kleinintrusionen und der Gesteinsgänge bei der Lokalisierung der Erzkörper[1)]

M. B. BORODAJEWSKAJA & N. I. BORODAJEWSKI

1. Die räumliche Assoziation zwischen Erzkörpern und Lagerstätten einerseits und Kleinintrusionen und Gesteinsgängen andererseits ist gut bekannt. Sie wird dadurch bedingt, daß Kleinintrusionen und Erzemanationen gemeinsame magmatische „Quellen" besitzen. Ferner spielen hierbei die Alters- und Strukturverhältnisse der Intrusivkörper eine Rolle.

Die festgestellten Abhängigkeiten zwischen Morphologie und Lagerungsverhältnissen der Kleinintrusionen und Gesteinsgänge sowie Anordnung und Form der Erzkörper kann man als Kriterien beim Aufsuchen verborgener Erzkörper und -felder verwenden.

2. Kleinintrusionen und Gesteinsgänge sind in den verschiedenen Entwicklungsetappen der großen Strukturformen der Erdkruste — bewegliche Gürtel, Gebiete mit abgeschlossener Faltung, Tafeln und ihre Randteile — zu beobachten. Die Strukturverhältnisse bei der in verschiedenen Entwicklungsetappen der tektonisch-magmatischen Zyklen und in unterschiedlichen Strukturfazieszonen erfolgenden Formierung der Kleinintrusionen besitzen viele gemeinsame Züge. Ein umfassendes Auftreten von Kleinintrusionen kennzeichnet jedesmal Etappen der Konsolidierung, in denen magmatisches Material auf Klüften und Spalten aus erheblichen Tiefen aufdringt. Ähnlich sind auch die petrogenetischen Verhältnisse dieser verschiedenaltrigen Formationen; diese Verhältnisse werden in erheblichem Maße durch das umfassende Auftreten von Hybridisierungsvorgängen bestimmt, die zu einem kontrastreichen Ablauf der Differentiationsvorgänge, zu einer ungleichmäßigen Verteilung der Komponenten und zu einer höheren Konzentration der Erzsubstanz führen.

3. Die Lokalisierung der Erzkörper, die strukturell mit Kleinintrusionen und Gesteinsgängen zusammenhängen, wird durch die Morphologie und den Intrusionsmechanismus der Kleinintrusionen, das Verhältnis der mechanischen Eigenschaften zwischen Nebengesteinen und Kleinintrusionen und deren Lage in den geologischen Strukturen bestimmt. Eine große Rolle spielt des öfteren das Wiederaufleben tektonischer Brüche und Richtungen, mit denen Gesteinsgänge und Erzkörper gleichzeitig verknüpft sind. Die Lokalisierungsverhältnisse der Vererzung und die Formierung der nicht zutage ausgehenden Erzkörper hängen hauptsächlich von strukturellen Faktoren ab.

[1)] Materialien für die Allunionsberatung zur Erarbeitung wissenschaftlicher Grundlagen für das Aufsuchen verborgener Erzkörper (Thesen der Vorträge und Mitteilungen), S. 5–8, Moskau 1958 (russisch). Übers.: OESTREICH.

4. Die konkreten Verhältnisse bei der Platznahme der Erzkörper, auch der verborgenen, hängen in erheblichem Grad von den Einzelheiten der Morphologie der Gesteinsgänge und Kleinintrusionen ab. Letztere wandeln sich gesetzmäßig, entsprechend den Struktureigenschaften des umgebenden Mediums, und sie können für tiefe Horizonte vorausgesagt werden.

5. Innerhalb der mit Kleinintrusionen und Gesteinsgängen zusammenhängenden Erzfelder kann man mehrere Hauptstrukturtypen unterscheiden:

a) In Tafelgebieten und ihren randlichen Teilen treten Erzfelder in nahezu horizontal liegenden Schichtgesteinen des oberen Strukturstockwerks zusammen mit Kleinintrusionen auf, die als Lakkolithe, schichtige Lager und Lagergänge vorkommen;

b) Erzfelder in konsolidierten Gebieten und auf Tafeln mit steileinfallenden Gängen, die gewöhnlich als Serien nahezu paralleler Folgen sowohl in starren als auch in relativ plastischen Nebengesteinen liegen;

c) Erzfelder in strukturell und faziell verschiedenen Zonen mit unregelmäßig ausgebildeten Intrusivkörpern, die besonders häufig in Gesteinen hoher Plastizität (Serpentinite, Tonschiefer usw.) auftreten;

d) Erzfelder in Gebieten mit abgeschlossener Faltung und auf Tafeln, mit Körpern von Eruptivbrekzien, ferner sogenannten zentralkomplexen und ringförmigen Gesteinsgängen.

6. Für das Aufsuchen verborgener Erzkörper in Erzfeldern des ersten Typs können folgende spezifische Züge der Struktur genutzt werden:

a) der Umstand, daß Schichtintrusionen (an deren Kontakt häufig metasomatische Erzlager auftreten) an mehrere stratigraphische Horizonte gebunden sind, wodurch Bedingungen für einen Erzstau gegeben sind;

b) höhere Klüftigkeit der Nebengesteine an den seitlichen Enden mächtiger schichtiger Lager und Lakkolithe;

c) Bildung von über mehrere Schichten reichenden Brekzien und Abblätterungen an den Flanken und im Scheitelteil mächtiger lakkolithischer Körper, ferner Auftreten von „schichtigen" Lakkolithen (z. B. Aldan).

7. Bei den mit steileinfallenden Gesteinsgängen zusammenhängenden Erzkörpern gründen sich die Kriterien zum Aufsuchen verborgener Körper auf die selektive Gebundenheit der Klüfte an die Gänge und auf die Besonderheiten des Baues der hierbei entstehenden Spaltensysteme. Die erwähnten Systeme sind meist Spielarten der „Abriß"spalten; sie können in zwei Typen untergliedert werden:

a) Systeme, welche innerhalb der Umrisse von Gesteinsgängen liegen, die gegenüber den Nebengesteinen erheblich spröder sind;

b) Systeme, die in den die Gänge umgebenden Gesteinen liegen, mit Gesteinsgängen zusammenhängend, die plastischer als die Nebengesteine sind.

8. Die Besonderheiten der Spaltenanordnung, die durch den Bildungsmechanismus jedes Systems bestimmt werden, können der Strukturanalyse bei der Ermittlung von Bereichen mit verborgenen Erzkörpern zugrunde gelegt werden. Sie bestehen in folgendem:

a) Die Spalten entstehen nicht gleichzeitig, sondern im Verlauf langer Zeiträume. In mehreren Fällen wird das durch die an sie geknüpften Mineralparagenesen bewiesen.

b) Die Klüftung und die Anordnung der Klüfte ändern sich in Abhängigkeit von der Mächtigkeit, den morphologischen Verhältnissen und den Lagerungselementen der Gesteinsgänge.

c) Die Intensität der Spaltenbildung, die in erheblichem Grad von den Unterschieden zwischen den mechanischen Eigenschaften der Gesteinsgänge einerseits und des umgebenden Mediums andererseits abhängt, kann entsprechend der Veränderung dieser Eigenschaften im Verlauf der Erzbildungsprozesse Schwankungen unterliegen.

d) Empirisch ist festzustellen, daß die mit den Gesteinsgängen zusammenhängenden Kluftserien große Bereiche erfassen und in bedeutende Tiefe reichen, wodurch es möglich ist, die verborgenen Bereiche und die „Knotenpunkte" der Klüftung vorauszusagen. So müssen als Kriterien zum Aufsuchen einer verborgenen Vererzung ausgenutzt werden: Übergänge „starrer" Gesteinsgänge (im Fallen) aus vollkristallinen Gesteinen in plastischere Gesteine; Stellen, wo die Gesteinsgänge Schichtgesteine durchbrechen, die aus Schichten bestehen, welche sich auf Grund der mechanischen Eigenschaften unterscheiden; Veränderungen der Einfallswinkel der Gesteinsgänge; Auftreten einer Reihe morphologischer Anomalien, die eine gesetzmäßige Strukturlage einnehmen (scharfe Biegungen, Auskeilungen, Kulissen), und eine Reihe anderer Merkmale (z. B. in den Lagerstätten Berjosowsk, Utinskoje, Schturmowskoje, Jurskoje u. a.).

e) Wenn die plastischen Gesteinsgänge in einem starren Medium liegen, entstehen Spalten, die den Richtungen der Kontakte folgen und zu den auffiedernden Kontakten streben. Die gesetzmäßige Lage der Fiederspalten zu den Gesteinsgängen ist ein zuverlässiges Kriterium für das Aufsuchen verborgener Erzkörper (z. B. die Lagerstätten Dshetygora, Kotschkar, Kljutschi u. a.).

9. Wenn die Kleinintrusionen als unregelmäßig und kompliziert aufgebaute Körper mit kleinen Abmessungen vorliegen, dann muß neben dem Unterschied der Festigkeitseigenschaften zwischen Intrusionskörper und Nebengesteinen zusätzlich der Schwächungsfaktor der Nebengesteine beim Eindringen des Magmas berücksichtigt werden.

Hierzu gehören Kleinplutone, die beim pulsierenden Eindringen des Magmas in das obere Strukturstockwerk entstanden sind; akordante Intrusionen, die Verhältnisse schaffen, welche das Auftreten verborgener Spaltensysteme und Erzkörper begünstigen, und „kammartige" Plutone.

10. Bei auf den Tafeln liegenden Erzfeldern mit Gesteinsgängen und Kleinintrusionen, die zum Typ der zentralen Komplexe gehören oder mit Eruptiv- und Extrusivbrekzien zusammenhängen, wurde eine Anzahl von Gesetzmäßigkeiten festgestellt, deren man sich beim Aufsuchen verborgener Erzkörper bedienen kann. Von den zu diesem Typ gehörenden verborgenen Strukturen sind gegenwärtig in der UdSSR die Strukturen am bekanntesten, welche mit Eruptivbrekzien zusammenhängen, die als Gesteinsgänge und Pipes vorliegen (Darassun, Kotschkar, Kljutschi.

11. Der gegenwärtige Stand der Untersuchung der mit Gesteinsgängen und Kleinintrusionen zusammenhängenden verborgenen Lagerstätten kann noch nicht als befriedigend betrachtet werden. Erforderlich sind Verallgemeinerungen und Angaben über den mechanischen Einfluß der Kleinplutone auf die Hangendgesteine; ferner über die Ermittlung von Abhängigkeiten des Charakters der Spaltenbildung in den Nebengesteinen vom Mechanismus der Intrusionen; weiterhin über die Verhältnisse bei der Veränderung der in den Kleinintrusionen eingeschlossenen Gangsysteme in Zusammenhang mit der Veränderung der Morphologie und der Lagerungsverhältnisse der letzteren; schließlich über die Lagerungsverhältnisse und die petrographischen Typen der Eruptivbrekzien.

Zur Festlegung der Konditionen für mineralische Rohstoffe [1)]

Der Standpunkt einiger sowjetischer Autoren

FRIEDRICH STAMMBERGER, Berlin

1. Vorbemerkung

In der Sowjetunion wird seit vielen Jahren eine breite Diskussion über Industriekonditionen und insbesondere über den industriellen Minimalgehalt und geologischen Schwellengehalt geführt. Dabei wurden nicht nur einander widersprechende Vorschläge gemacht; es zeichnet sich auch eine bestimmte Entwicklung der theoretischen Anschauungen ab. Deshalb ist es zweckmäßig, sich auf die Vorschläge der letzten 10—15 Jahre zu beschränken.

Die Sowjetunion verfügt heute über mehr als ausreichend große Lagerstättenvorräte aller mineralischen Rohstoffe. Daher werden gegenwärtig an die Erkundungsgeologen Forderungen besonderer Art gestellt: hochwertige Rohstoffe in günstig gelegenen Lagerstätten zu finden. Diese Situation auf dem Vorratssektor spiegelte sich in einer bemerkenswerten Belebung der Aussprache über Industriekonditionen und über die Grundlagen und Methoden der ökonomischen Bewertung von Lagerstätten wider. [2)]

[1)] Fortsetzung aus H. 10, 1959, und H. 4, 1960.

[2)] Die ökonomische Bewertung einer Lagerstätte darf nicht mit der Berechnung ihrer Vorräte verwechselt werden. Aus diesem Grunde wird hier die besonders 1957 und 1958 in der Sowjetunion geführte Aussprache über die Grundlagen der ökonomischen Bewertung von Lagerstätten nur so weit berücksichtigt, als das von uns behandelte Thema von ihr berührt wird.

Es muß einleitend festgestellt werden, daß auch gegenwärtig eine exakte Abgrenzung der Begriffe industrieller Minimalgehalt und geologischer Schwellengehalt — ähnlich den Definitionen der ZVK — noch keineswegs von allen sowjetischen Autoren vorgenommen wird, obwohl A. P. PROKOFJEW (1953), gestützt auf Vorschläge W. I. SMIRNOWS (1950), in seiner auch in deutscher Übersetzung (1956) erschienenen Arbeit „Praktische Methoden der Vorratsberechnung von Erzlagerstätten" entsprechende Definitionen gegeben hat. Das kompliziert unnötig die Aussprache und Verständigung.

2. Prof. POSHARIZKIJ und der „industrielle Minimalgehalt"

In seiner 1947 im „Gornij journal" erschienenen Arbeit „Grundlagen für die Bestimmung des industriellen Minimalgehaltes im Erz" beschäftigt sich der Verfasser im Grunde mit dem geologischen Schwellengehalt. Lediglich in den einleitenden Bemerkungen gibt er eine Definition des „Industrieerzes", das etwa unserem „bauwürdigen Erz" entspricht. Er bezeichnet es als „mineralisiertes Gestein, das genügend gewinnbare wertvolle Komponenten enthält, um bei den für sie bestehenden Preisen heute und am gegebenen Ort nicht nur die Ausgaben für die Gewinnung und Verarbeitung des Erzes zurückzuerstatten, sondern auch dem Staat einen gewissen Gewinn sichert". Er definiert „bauwürdiges Erz" daher als einen zeitbedingten, vom technischen Niveau und den ökonomischen Bedingungen abhängigen Begriff, gültig für ein bestimmtes Gebiet zur Zeit des Abbaus.

Wenn die Ausgaben nicht gedeckt werden, kann das Erz nicht als „Industrieerz" angesehen werden.

„Als Erz mit industriellem Minimalgehalt ist ein solches Erz anzuerkennen, bei dessen Abbau und richtig bestimmtem Metallpreis zwar kein Gewinn erzielt wird, jedoch die Ausgaben zurückerhalten werden, welche unmittelbar beim Abbau und der Verarbeitung entstehen."

Aus dem Inhalt der folgenden Seiten geht eindeutig hervor, daß der Autor hier unter industriellem Minimalgehalt den geologischen Schwellengehalt versteht.[3])

Wenn die Ausgangsposition POSHARIZKIJs zum bauwürdigen Erz als richtig anerkannt wird (Deckung der Kosten plus Betriebsgewinn bei richtigen Abgabepreisen), ist seine Schlußfolgerung nur logisch. Es ist auch verständlich, wenn er dagegen polemisiert, daß diese Definition des Minimalgehaltes (d. h. unseres Schwellengehaltes) auf ganze Lagerstätten bezogen wird. Denn das würde bedeuten, daß bei vorhandenen Reicherzen so viel Armerze in den Abbau einbezogen werden müssen, bis jeder Gewinn verschwindet, d. h., das wäre die Befürwortung einer gewinnlosen Exploitation von Lagerstätten (eine Forderung, die übrigens von einzelnen sowjetischen Geologen auch erhoben wurde).

In seinen Vorschlägen zur Bestimmung des industriellen Minimalgehaltes (d. h. unseres geologischen Schwellengehaltes) finden wir eine überraschende Übereinstimmung mit den Anschauungen des Amerikaners LAWFORD (1928).[4])

POSHARIZKIJ teilt die Vorräte einer Lagerstätte in 1) ohne Zweifel bauwürdige (bei LAWFORD ist das „Erz ohne jeden Zweifel") und 2) arme Erze, die er „kritische" nennt (bei LAWFORD ist das die „Klasse 2").

Die Vorräte unter 1) müssen ausreichen, um die Investitionen zu rechtfertigen und die gemachten Ausgaben zu amortisieren. Selbstverständlich müssen sie auch die Selbstkosten decken und einen Gewinn bringen. Die „kritischen" Erze brauchen dagegen nur die Gewinnungskosten zu decken. POSHARIZKIJ geht noch einen Schritt weiter als LAWFORD: Er fordert, daß bei der Berechnung des „industriellen Minimalgehaltes" alle bereits gemachten Ausgaben (selbst wenn sie zwecks Gewinnung der „kritischen" Erze gemacht wurden) nicht berücksichtigt werden. Denn — begründet er — diese Ausgaben können nicht mehr rückgängig gemacht werden. Sie werden zu einem reinen Verlustposten, wenn die „kritischen" Erze nicht abgebaut werden.

POSHARIZKIJ erwähnt noch einen dritten Fall: Oft werden kleinere Blöcke mit sehr niedrigen Gehalten abgebaut und verarbeitet, wenn dadurch die allgemeinen bergmännischen Arbeiten begünstigt oder verbilligt werden. Er bezeichnet es als unlogisch, daß auf das Erz aus solchen Blöcken die Förderkosten angerechnet werden.

POSHARIZKIJ führt folgendes Beispiel an: Der geologische Schwellengehalt (bei POSHARIZKIJ „industrieller Minimalgehalt" genannt) sei 0,5%. Zur Freilegung des Erzkörpers — es handelt sich um einen Tagebau — müssen erzleere Massen bewegt werden, in denen sich Erzblöcke mit Gehalten von 0,3—0,5% befinden. „Es ist unlogisch", schreibt POSHARIZKIJ, „auf diese Blöcke mit Armerzen die Ausgaben für den Abbau anzurechnen, weil ihr Abbau für die Aufschlußarbeiten sowieso notwendig ist." Er ist der Meinung, daß sie nur die Verarbeitungskosten zurückzuerstatten brauchen. Hier ist eine unzweideutige Parallele zur „Klasse 3" bei LAWFORD festzustellen.

Für die Berechnung der unteren Gehaltsgrenze fordert POSHARIZKIJ, daß alle jene Kosten nicht berücksichtigt werden, die auch ohne Abbau der „kritischen" Erze anfallen. Erst wenn alle diese Kosten ausgeschieden wurden und der gewinnbare Metallinhalt der „kritischen" Erze dennoch die Gewinnungskosten nicht rechtfertigt, kann das Erz als nicht bauwürdig betrachtet werden und darf selbst dann nicht abgebaut werden, wenn die Kapazität der Anlage nicht voll ausgelastet ist.

Die Frage, ob immer alle Erze mit Gehalten bis zum Schwellengehalt abgebaut werden sollen, beantwortet POSHARIZKIJ ähnlich wie STAMMBERGER (1957) und andere.

Da POSHARIZKIJ sich in seinen Definitionen für „bauwürdiges Erz" und den geologischen Schwellengehalt auf die festgelegten Werk- oder Abgabepreise stützt, ist es verständlich, daß er sie kritisch überprüft und Vorschläge für ihre Neufestlegung macht.

„Zur Lösung vieler bergtechnischer Fragen und insbesondere für die Berechnung des industriellen Minimalgehaltes (d. i. unser ‚geologischer Schwellengehalt') müssen gewisse zulässige Spitzenselbstkosten (Preis) festgelegt werden, einheitlich für die Industrie und für jedes Metall."

POSHARIZKIJ kritisiert an den gültigen Abgabepreisen, daß sie a) veraltet sind, b) sich auf die durchschnittlichen Selbstkosten der Industrie bei Einkalkulation eines geplanten Gewinnes aufbauen. Er fordert die Festlegung neuer Abgabepreise, wobei nicht vom durch-

[3]) So schreibt er später an einer Stelle: „Bei Abbau kritischer Erze mit Gehalten über dem industriellen Minimalgehalt . . ."
[4]) s. 1. Fortsetzung dieser Arbeit in H. 4, 1960

schnittlichen Niveau der ganzen Industrie ausgegangen werden dürfe, sondern „vom Selbstkostenniveau (plus Korrektur für die Akkumulation usw.) der schlechtesten Lagerstätte, deren Abbau mit Recht als nützlich zur Deckung des Metallbedarfes anerkannt worden ist".

Dieser Vorschlag ist nicht neu. Er stützt sich auf die Vorstellung, daß auch in der sozialistischen Planwirtschaft die kapitalistische Bergrente für die Bestimmung des ökonomischen Nutzeffektes Gültigkeit hat. (Die theoretische Auseinandersetzung mit dieser Anschauung muß zweckmäßigerweise aufgeschoben werden.)

Gegen diesen Vorschlag sind auch von sowjetischen Kollegen triftige Einwände erhoben worden:

a) das würde zu einer allgemeinen Erhöhung der Abgabepreise der Bergbauprodukte und damit auch der aus ihnen hergestellten Fabrikate führen;

b) das würde zwangsläufig die Einbeziehung vieler Lagerstätten mit Armerzen in die Produktion hervorrufen, da die ökonomische Preisschranke erweitert wird;

c) die Rentabilität einzelner Gruben würde dadurch künstlich „verbessert" werden, wodurch automatisch der geführte Kampf zur Erhöhung der Rentabilität nachlassen würde;

d) der von POSHARIZKIJ angestrebte Effekt könnte viel einfacher durch differenzierte Abgabepreise geregelt werden, durch welche unterschiedliche geologische Verhältnisse berücksichtigt werden können.

Aus dem Dargelegten folgt, daß POSHARIZKIJ zur Bestimmung des Gehaltes seines „Industrieerzes" (d. i. unser industrieller Minimalgehalt) das Prinzip der betrieblichen Rentabilität heranzieht und diese an Preisen mißt, die einheitlich für die Industrie und jedes Metall nach den ungünstigsten Betriebsverhältnissen festzulegen sind.

3. Das Prinzip der Rentabilität

Das Prinzip der Rentabilität wird für die Festlegung des industriellen Minimalgehaltes in den sowjetischen Fachzeitschriften oft abgelehnt.

KRYSHOW (1952) nennt zwei Hauptmängel dieses Prinzips:

a) es widerspricht der Natur der sozialistischen Wirtschaft, weil es ein Einzelkriterium ist;

b) es ignoriert den wichtigen Einfluß, den die untere Gehaltsgrenze auf die volkswirtschaftlichen Selbstkosten des Metalls ausübt.

Im Kapitalismus erfolgt die Preisbildung des Metalls auf dem Markt. Der Verkaufspreis bestimmt die Grenze, bis zu der ein Abbau wirtschaftlich noch gerechtfertigt ist. Mit den Preisen, der Konjunktur und Marktlage schwankt auch die untere Gehaltsgrenze.

Aus der Sicht des einzelnen Betriebes scheint in der Planwirtschaft der Abgabepreis ebenfalls unabhängig von der Gehaltsgrenze zu sein. Tatsächlich orientiert er sich jedoch in seiner Dynamik auf die Selbstkosten. Aus diesem Grund ist nach KRYSHOW das Prinzip der Rentabilität unbrauchbar, weil Preis und Selbstkosten nicht einander gegenübergestellt werden können. Die Aufgabe besteht vielmehr darin, in Abhängigkeit von der unteren Gehaltsgrenze das optimale Selbstkostenniveau zu bestimmen.

Dieses optimale Niveau der Selbstkosten definiert KRYSHOW als niedrigste Gestehungskosten der Tonne Metall bei den rationellsten Abbaumethoden und völliger Deckung des Bedarfes der sich erweiternden sozialistischen Wirtschaft.

Der Autor legt besonderen Wert auf die rationellste Exploitation der Lagerstätten; denn sie führt letzten Endes „zur Einsparung an Arbeit des Volkes oder im Laufe einer längeren Periode zur Verringerung der volkswirtschaftlichen Ausgaben für Montanrohstoffe". Aus dieser Sicht ersetzt er (genauer: erweitert er) das Prinzip der geringsten Selbstkosten durch das Prinzip der langfristigen minimalen Selbstkosten.

KRYSHOW untersucht, wie sich die einzelnen Kostenpositionen verändern, wenn die untere Gehaltsgrenze gesenkt wird. Die Verhüttungs- und Aufbereitungskosten wachsen mehr als proportionell. Für diese Verarbeitungsstufe wäre daher eine möglichst hohe untere Grenze vorteilhaft. Dadurch würden sich allerdings die Bilanzvorräte verringern, infolgedessen auch die Kapazität, wodurch ein Ansteigen der fixen Kosten unvermeidlich wäre. Der Vorteil durch Erhöhung der Grenze könnte so wieder verlorengehen.

Wenn durch eine geringe Erhöhung der unteren Grenze bedeutende Vorratsmengen aus der Bilanz ausscheiden, ist das ein gewichtiges Argument gegen eine Erhöhung der Grenze.

KRYSHOW kommt zu folgendem Ergebnis:

a) die geringsten Gestehungskosten werden festgestellt, indem man die untere Grenze so lange erhöht, bis der positive Effekt nicht durch die negativen Folgen aufgehoben wird;

b) berechnet werden kann die untere Abbaugrenze nur mit Hilfe der Methode der Varianten.

Die Akademiemitglieder M. N. AGOSCHKOW & D. M. BRONNIKOW (1954) fassen industriellen Minimalgehalt und geologischen Schwellengehalt als Synonyme auf und untersuchen vor allem die Festlegung des Schwellengehaltes. Sie wenden sich in der Einleitung ihrer Arbeit gegen das Rentabilitätsprinzip, bezogen auf einen Betrieb. Unter sozialistischen Produktionsbedingungen ist das nach ihrer Meinung unzureichend. Für die Bestimmung des geologischen Schwellengehaltes halten sie nur die Methode der Varianten für richtig, bei der nach ihrer Meinung folgende Kennwerte analysiert werden müssen:

a) die Selbstkosten des Endproduktes (Konzentrat oder Metall),

b) die Veränderungen der Bilanzvorräte der Lagerstätte (Metall und Erz),

c) der Durchschnittsgehalt im Fördererz,

d) das Gesamtausbringen (unter Berücksichtigung der Abbauverluste),

e) die Kapazität der Anlage und ihre Lebensdauer.

Interessant ist folgendes, allgemein formulierte Ergebnis ihrer Untersuchung:

„Die Selbstkosten des Endproduktes (Konzentrat, Metall) bei verringertem geologischem Schwellengehalt werden ungefähr um sovielmal höher als die Selbstkosten beim früheren Schwellengehalt sein, wie sich der Durchschnittsgehalt des Metalles im Erz verringert."

Dieser Orientierungswert kann natürlich in keinem Falle die konkrete Analyse mit Hilfe der Methode der Varianten ersetzen.

4. S. J. RATSCHKOWSKIJ und der industrielle Minimalgehalt

RATSCHKOWSKIJ (1948) versteht unter industriellem Minimalgehalt im wesentlichen die gleiche Grenze wie wir. Im Rahmen der Kondition spielt der Gehalt (RATSCHKOWSKIJ kommt aus dem Goldbergbau) bei der Zuordnung der Vorräte zu den Bilanz- oder Außerbilanzvorräten meist die entscheidende Rolle. Nach seiner Meinung muß bei der Festlegung des industriellen Minimalgehaltes von den Produktionskosten und dem Wert des Produktes ausgegangen werden. Zur Berechnung des Wertes der gewinnbaren Komponenten müssen „solche Preise verwendet werden, die dem Niveau der zulässigen Kosten für ihre Produktion entsprechen. Unter den Bedingungen der sozialistischen Wirtschaft werden diese Kosten durch die Ausgaben bestimmt, welche für die Gewinnung des Metalles aus den am wenigsten rentablen Abschnitten der in Betrieb befindlichen Lagerstätten anfallen, deren Inbetriebnahme für die Befriedigung des Bedarfes der Volkswirtschaft als notwendig anerkannt worden ist". Diese Produktionskosten liegen somit über den durchschnittlichen. Außerdem muß die Höhe des industriellen Minimalgehaltes für jede Lagerstätte unter Berücksichtigung aller Faktoren festgelegt werden.

Der Minimalgehalt muß sowohl bei der Vorratsberechnung als bei der Festlegung der Abbaupläne und der Ausarbeitung der Projekte für den Bau der Anlagen bestimmt werden. Dabei kann sich prinzipiell, nach RATSCHKOWSKIJ, jedesmal ein anderer Wert ergeben.

Bei der einer Vorratsberechnung vorausgehenden Festlegung des industriellen Minimalgehaltes „muß man sich auf die Einführung der fortgeschrittensten Technik orientieren". Nur wenn diese langfristigen Perspektiven berücksichtigt werden, erhält man eine vollständige Vorratsbilanz für das Land.

Bei der Ausarbeitung von Abbauplänen sind alle Faktoren zu berücksichtigen (geologische, Metallbedarf, Zeitgewinn usw.), und dort, wo in kurzer Zeit durch den Abbau von Reicherzen bereits der Wirtschaft Metall zur Verfügung gestellt werden kann, sind solche Minimalgehalte festzulegen, die einen selektiven Abbau berücksichtigen, d. h. in der ersten Periode — ein hoher Minimalgehalt, nach Abbau der Reicherze — ein niedrigerer.

Bei der Projektierung müssen für jede Lagerstätte mehrere Varianten ausgearbeitet werden, um den Einfluß und die Auswirkung aller Faktoren zu erkennen. Diese Methode gestattet es, alle Faktoren in gebührendem Umfange zu berücksichtigen.

RATSCHKOWSKIJ schlägt zur Bestimmung des industriellen Minimalgehaltes auf der Grundlage der Kosten und des Wertes des Produktes folgende Formel vor:

$$f_m = \frac{W}{CE} \cdot 100 \qquad (1)$$

f_m – der industrielle Minimalgehalt an Metall im Erz, in Prozenten;
W – die Summe aller Exploitationsausgaben für die Förderung und Verarbeitung von 1 t Erz, in Rubel;
C – die äußerst zulässigen Selbstkosten für die Gewinnung von einer Tonne Metall aus dem Erz laut Plan, in Rubel;
E – summarischer Koeffizient des Metallausbringens für alle Stufen des technologischen Prozesses.

Wenn die Aus- und Vorrichtung einer Grube bereits abgeschlossen ist, können — nach RATSCHKOWSKIJ — die Amortisationskosten hierfür aus der Berechnung ausgeschlossen werden, da sie anfallen, unabhängig davon, ob oder ob nicht die Armerze abgebaut werden. Das gleiche fordert er für jene Ausgaben, die nicht direkt mit dem Abbau dieser Erze zusammenhängen. RATSCHKOWSKIJ fordert sogar die Berücksichtigung möglicher Kostensenkungen, wenn durch den Abbau der Armerze eine oder mehrere Anlagen erst voll ausgelastet werden können.

Bei polymetallischen Lagerstätten verlangt er die Beachtung aller Komponenten. Die anfallenden Kosten sind proportional dem Werte der einzelnen Komponenten auf diese zu verteilen. RATSCHKOWSKIJ erläutert seinen Vorschlag an einem Beispiel. Er geht von seiner Formel (1) aus und schreibt sie für eine polymetallische Lagerstätte in folgender Form:

$$W = C^1E^1f^1_m + C^2E^2f^2_m + C^3E^3f^3_m + \text{usw.} \qquad (2)$$

In dieser Formel sind unbekannt f^1_m, f^2_m und f^3_m. Um diese Unbekannten aus einer Gleichung bestimmen zu können, muß man die drei (oder mehr) Unbekannten auf eine reduzieren. Das erfolgt auf Vorschlag RATSCHKOWSKIJs folgendermaßen: Die äußerst zulässigen Selbstkosten der gewonnenen Metalle sollen mit z. B. 5000, 4000 und 2000 Rubel je Tonne festgesetzt sein. Wenn der Gehalt des ersten Metalles im Erz gleich Eins genommen wird, dann muß der Gehalt des zweiten Metalls, um den gleichen Wert zu bringen, 5000 : 4000 = = 1,25 groß sein.

Der Gehalt des dritten Metalles muß, nach der gleichen Rechnung, 5000 : 2000 = 2,5 sein.

Angenommen E^1 sei gleich 0,8, $E^2 = 0,9$ und $E^3 = = 0,8$, W = 75 Rubel, dann erhalten wir beim Einsetzen dieser Werte in Formel (2):

$$W = \frac{75 \cdot 100}{5000 \cdot 0,8 \cdot f^1_m + 4000 \cdot 0,9 \cdot 1,25 f^1_m + 2000 \cdot 0,8 \cdot 2,5 f^1_m}$$

Hieraus errechnet sich leicht, daß

$$f^1_m = 0,6\%,\ f^2_m = 0,75\%,\ f^3_m = 1,5\%$$

RATSCHKOWSKIJ hebt hervor, daß diese Gehalte komplex verstanden werden müssen, d. h., die Abweichung eines Gehaltes von der errechneten Größe kann kompensiert werden durch entsprechende Veränderungen der anderen Gehalte.

RYSHOW (1952) spricht vom mittleren Konditionsgehalt und bezeichnet damit in etwa den industriellen Minimalgehalt unserer deutschen Definition. Nach RYSHOW ist das ein solcher Gehalt in einem Abbaublock (oder einer anderen Abbaueinheit der Lagerstätte), „bei dem das vorliegende Erz rentabel abgebaut werden kann".

„Für jede Lagerstätte nutzbarer Bodenschätze wird der Konditionsgehalt an nutzbaren und schädlichen Komponenten durch die Hauptverwaltung festgelegt, unter deren Leitung die betreffende Lagerstätte abgebaut wird."

Für polymetallische Erze werden — nach RYSHOW — die Konditionen nur bezogen auf die Hauptkomponente festgelegt. Wenn in den Proben Nebenkomponenten ermittelt werden, wird ihr Gehalt einem Äquivalentgehalt der Hauptkomponente gleichgesetzt, z. B. 1% Blei ist gleich 0,75% Kupfer gleich 2% Zink usw.

Bei Seifenlagerstätten (von Gold) bestimmt der Konditionsgehalt die Abbaugrenzen, indem der Schwellengehalt so festgelegt wird, daß die gesamte umgrenzte Lagerstättenfläche einen Durchschnittsgehalt aufweist, der mit dem Konditionsgehalt zusammenfällt.

5. Muß der industrielle Minimalgehalt auf Grund der Produktionsbedingungen in den schlechtesten Lagerstätten und Betrieben bestimmt werden?

Zu dieser Frage wurde in der jüngsten sowjetischen Diskussion über die ökonomische Bewertung von Lagerstätten wiederholt Stellung genommen. Hier seien nur diese Stellungnahmen kurz referiert.

K. L. POSHARIZKIJ (1957) hat erneut zur Festlegung der Preise der Bergbauprodukte Stellung genommen und seinen alten Standpunkt (1947) bekräftigt. „Die Festlegung der Metallpreise auf der Grundlage der durchschnittlichen Selbstkosten ist gegenwärtig ein ernstes Unglück für unsere Bergwirtschaft." — „Die Preise für die Bergbauprodukte müssen festgelegt werden, ausgehend von den Produktionsbedingungen nicht der durchschnittlichen, sondern der ärmsten und ungünstigsten Lagerstätten und Reviere, deren Abbau zur Dekkung des Bedarfes der Volkswirtschaft an Metallen und anderen Bodenschätzen notwendig ist." Gegen diesen Standpunkt haben sich in der Diskussion mehrere Bergingenieure und Wirtschaftler gewandt.

I. D. IWANOW (1958) lehnt ihn als unzweckmäßig ab. Neben den bereits erwähnten Argumenten weist er darauf hin, daß damit die Preise sehr labil würden. Er hebt den Vorteil der bestehenden Ordnung hervor, bei der für bestimmte Betriebe „Verlust" eingeplant wird. Zur Charakterisierung der Rentabilität eines Betriebes empfiehlt er die Einführung eines „Grenzpreises" auf der Grundlage des Planes.

W. W. POMERANZEW (1958) stellt fest, daß für die Volkswirtschaft nicht nur die Rentabilität der Betriebe wichtig ist, sondern auch ihre Produktion. Die Rentabilität des Abbaues ist nur ein Faktor unter anderen nicht weniger wichtigen. POMERANZEW kritisiert die Vorstellungen POSHARIZKIJs über die Methodik der Preisbildung. Tatsächlich wird jedoch bei der Festlegung der Preise von solchen Selbstkosten im Bereich ausgegangen, „welche sich auf die fortschrittliche Technologie und auf fortschrittliche Produktionsmethoden beziehen, die von den führenden Unternehmen des Industriezweiges bereits erreicht sind und auf die übergroße Mehrheit der Betriebe des betreffenden Industriezweiges ausgedehnt werden können." (MAISENBERG 1953.)

Die Forderung POSHARIZKIJs geht im Grunde davon aus, daß die Bergrente der kapitalistischen Wirtschaft auch in der sozialistischen Planwirtschaft unverändert weiterwirkt. Im Unterschied zu POSHARIZKIJ (der von der Berücksichtigung der Bergrente viele praktische Vorteile erwartet) ist S. A. PERWUSCHIN (1958) der Meinung, daß die Anwendung dieses Gesetzes in der sozialistischen Wirtschaft nur negative Folgen zeitigen würde. Die Selbstkosten der Metalle würden ständig steigen, da der Durchschnittsgehalt im Erz — in der Weltförderung und in der einzelnen Lagerstätte — mit der Zeit sinkt.

Er kritisiert, daß POSHARIZKIJ völlig den Gebrauchswert der Bergbauprodukte übersieht. Außerdem steht gegenwärtig nach Meinung dieses Autors — vor allem bei neuen Lagerstätten — nicht die Frage der maximalen komplexen Nutzung, sondern die optimale Nutzung des Rohstoffes im Vordergrund.

Die Möglichkeit des — für die verschiedenen Metalle ungleichmäßigen — Ersatzes eines Rohstoffes kompliziert weiterhin das Problem. PERWUSCHIN schlägt seinerseits differenzierte Preise für seltene und Spurenelemente im Erz vor. Die Preise selbst sind den Werten der Produkte anzupassen. Er betont, daß sich das Problem des industriellen Minimalgehaltes nicht auf gleiche Weise für die verschiedenen Erze lösen läßt (z. B. Erze mit einfacher stofflicher Zusammensetzung, komplexe Erze, Erze, für deren Metalle es Ersatzstoffe gibt, und nicht ersetzbare usw.).

B. F. NOWOSHILOW (1958) kritisiert POSHARIZKIJ sehr scharf wegen der Übernahme ökonomischer Begriffe des Kapitalismus und den Vorschlag, sie in der sozialistischen Planwirtschaft einzuführen, insbesondere wendet er sich gegen die geäußerten Anschauungen zur Differentialrente.

„In der sozialistischen Wirtschaft genügt es, daß die schlechtesten Lagerstätten die verlustlose Arbeit eines Unternehmens gewährleisten, und vom volkswirtschaftlichen Gesichtspunkt ist ihre Inbetriebnahme völlig gerechtfertigt, wenn das Land des abgebauten Rohstoffes bedarf. Die in unserem Lande bestehenden Abgabepreise für die Produktion der Bergindustrie sichern die entsprechende Akkumulation zur erweiterten Reproduktion. Das bedeutet, daß im Unterschied zu kapitalistischen Ländern die Preise in unserer Ökonomik nicht durch die Exploitationsbedingungen der schlechtesten, sondern der in bezug auf die Rentabilität durchschnittlichen Lagerstätten bestimmt werden."

An anderer Stelle formuliert er:

„Unter den Verhältnissen der sozialistischen Ökonomik verwandelt sich die Differentialrente in differenzierte Rentabilität der verschiedenen Bergbetriebe."

L. J. SUBRILOW (1958) lehnt eine Preisfestlegung nach dem Vorschlag POSHARIZKIJs aus vielen praktischen Erwägungen ab. Exakt angewendet, würde diese Methode dazu führen, daß für jeden Industriebezirk andere Preise festgelegt werden müßten. Im Interesse einer normalen Versorgung aller rohstoffverarbeitenden Betriebe ist ein einheitlicher Preis auf der Grundlage der durchschnittlichen Produktionsbedingungen jedoch unerläßlich.

S. J. RATSCHKOWSKIJ (1958) wiederholte in der Aussprache seine bereits früher gestellte Forderung nach differenzierten Preisen, wobei er — im Unterschied zu seinen früheren Anschauungen — es als unhaltbar bezeichnete, bei der Preisbildung die schlechtesten Bedingungen als Ausgangspunkt zu wählen.

J. G. GINSBURG (1958) geht in seinem Vorschlag nicht von den Preisen aus. Er schlägt als Kriterium den Aufwand an gesellschaftlich notwendiger Arbeit vor. Bei der Bestimmung einer Vergleichsbasis für die verschiedenen Betriebe schließt er sich dem Vorschlag POSHARIZKIJs an, von den schlechtesten Lagerstätten auszugehen.

G. P. SCHABELNIKOW (1958) vertritt den Standpunkt, daß man bei der Bestimmung des Niveaus der gesellschaftlich notwendigen Arbeit und der Rentabilität in einem sozialistischen Land von den im Lande vorhandenen Lagerstätten ausgehen muß. Selbst wenn diese Preise höher als die Weltmarktpreise sind, müssen sie als Grundlage der Berechnung dienen, da die sozialistischen Länder — in vielen Fällen — ihr Rohstoffdefizit nicht aus Importen decken können.

Unrentabilität des Abbaues einer Lagerstätte ist daher nach seiner Meinung ein künstlicher Begriff, der aus einem unrichtig verstandenen Preisbildungsmechanismus entstanden ist. SCHABELNIKOW ist auch nicht mit I. D. IWANOW (1958) einverstanden und bezeichnet — bei Preisen auf der Grundlage des Industriezweigdurchschnittes — den Gewinn von Bergwerken, die Reicherze abbauen, als „künstlichen Reingewinn". In der Praxis wird das durch Plangewinne ausgeglichen. „Der geplante Gewinn ist im Grund die Differentialrente und darf nicht als etwas Künstliches, Ungerechtfertigtes betrachtet werden."

Bei fast allgemeiner Kritik der bestehenden Preise vertritt somit die Mehrheit der Diskussionsteilnehmer gegenwärtig den Standpunkt, daß die Preisfestlegung auf der Grundlage des Durchschnittes für den Industriezweig richtig ist.

6. Muß für jeden einzelnen Bergbaubetrieb eine Kondition bestimmt werden oder ist dies für den ganzen Industriezweig möglich?

Die Kondition — hier nur betrachtet hinsichtlich des Gehaltes — eines Rohstoffes definiert seine Qualität. Die Gehaltsansprüche der Industrie lassen sich leicht für das „Markt-Erz" bestimmen, d. h. für das zur industriellen Verarbeitung vorbereitete Erz. Der Industrie macht es jedoch oft Schwierigkeiten, die gleichen Forderungen für das anstehende Erz zu formulieren. W. A. KULIBIN (1950) hat mitgeteilt, daß die Konditionen für solches „Markt-Erz" ohne Schwierigkeiten ausgearbeitet werden können, und zwar auf der Grundlage vorläufiger Angaben über die mineralogische und chemische Zusammensetzung des Erzes. „Diese Konditionen hängen nur von der ökonomischen Rentabilität der metallurgischen Verarbeitung des Erzes oder seines Konzentrates ab."

KULIBIN erläutert seinen Gedanken an Beispielen aus der Schwarzmetallurgie. Wenn durch die Vorerkundung z. B. festgestellt wurde, daß es sich beim Erzmineral um Magnetit, beim Gangmineral um Kieselsäure handelt und der Schwefelgehalt einige Prozente beträgt, kann ohne jede weitere Information gesagt werden, daß sich ein solches Erz nur dann rentabel verhütten läßt, wenn es sich zu einem Konzentrat aufbereiten läßt mit Fe nicht weniger als 50—52%, Kieselsäure nicht mehr als 15—18% und Schwefel nicht mehr als 0,2%.

Wenn sich beim gleichen Erz die Summe der Basen zur Summe der Säuren in etwa gleich Eins verhält, kann der Fe-Gehalt bis auf 45% absinken (vorausgesetzt, daß sich das Basen-Säure-Verhältnis auch im Konzentrat erhält).

„Die Konditionsforderungen an das Markt-Erz kann man im voraus für eine beliebige mineralogische Zusammensetzung des Erzes berechnen, da die Metallurgen die Grenzen der Rentabilität der metallurgischen Verarbeitung angeben können." Nur in Ausnahmefällen werden an das Konzentrat noch besondere Forderungen gestellt.

Wenn das Verarbeitungsschema für ein Erz ausgearbeitet ist, muß die untere Gehaltsgrenze der nutzbaren Komponente bestimmt werden, bei der die Förderung und Verarbeitung des Erzes noch rentabel ist.

Zur Bestimmung des industriellen Minimalgehaltes im Anstehenden müssen die übrigen Faktoren herangezogen werden. Auf diese Weise könnte — meint KULIBIN — die untere Abbaugrenze begründet festgelegt werden.

In seinen aufschlußreichen Beiträgen zum ersten Punkt der Tagesordnung des „Internationalen Kolloquiums über Fragen der Vorratsklassifikation" vom 27. 1. bis 29. 1. 1959 in Berlin teilte der Vorsitzende der Staatlichen Vorratskommission der UdSSR, Dr. MALYSCHEW (1959), u. a. mit, daß die Konditionen „auf der Grundlage technisch-ökonomischer Berechnungen für jede Lagerstätte" festgelegt werden. Auf eine entsprechende Frage eines Teilnehmers erläuterte MALYSCHEW: „Für bestimmte Gebiete existieren selbstverständlich allgemeingültige Kennziffern für Minimalgehalte der verschiedenen mineralischen Rohstoffe. Für die einzelnen Schächte sind die Konditionen nicht extra festgesetzt." Bei analogen Verhältnissen werden für neue Lagerstätten ebenfalls keine neuen Konditionen ausgearbeitet. In dieser Aussprache formulierte MALYSCHEW: „Es ist völlig unmöglich, Konditionen für eine Reihe von Ländern, sogar für ein Land und unter Umständen für ein großes Wirtschaftsgebiet festzulegen."

7. A. P. PROKOFJEWS Definition des industriellen Minimalgehaltes

PROKOFJEW hat in seinen 1953 und 1955 erschienenen Arbeiten den industriellen Minimalgehalt und den geologischen Schwellengehalt neu definiert. Er konnte sich dabei auf die von W. I. SMIRNOW (1950) gegebenen Formulierungen stützen und sie exakter fassen.

„Minimaler Durchschnittsgehalt heißt jener geringste Gehalt an wertvoller Komponente in großen, selbständige Abbaueinheiten darstellenden Abschnitten des nutzbaren Bodenschatzes, bei dem der betreffende Rohstoff industriell brauchbar ist." (SMIRNOW 1950.)

A. P. PROKOFJEW (1953) schlug vor, den industriellen Minimalgehalt als minimaldurchschnittlichen zu betrachten, während er vom geologischen Schwellen- oder Bortgehalt als „untere Gehaltsgrenze an nützlicher Komponente in einer Probe" spricht. Er formuliert durchaus im Sinne der ZVK die Beziehungen zwischen Schwellen- und Minimalgehalt: „Der geologische Schwellengehalt ist als untere Gehaltsgrenze an nutzbarer Komponente in einer Probe zu verstehen, bei der im konkreten Abschnitt oder im Block die Förderung eines Erzes mit industriellem Minimalgehalt an nutzbarer Komponente gewährleistet ist."

Nach PROKOFJEW (1953) ist der industrielle Minimalgehalt keine konstante Größe, sondern selbst für ein und dieselbe Lagerstätte veränderlich und hängt hauptsächlich von technisch-ökonomischen Faktoren ab.[5])

Er schlägt vor, daß für die anstehenden mineralischen Rohstoffe die Mindestforderungen an Gehalt und schädlichen Beimengen formuliert werden. Dabei wären nach seiner Meinung nicht nur die verschiedenen natürlichen Erzsorten, die technischen und ökonomischen Möglichkeiten des Metallausbringens und seiner Verarbeitungsweisen, sondern auch die geographische Lage der Lagerstätten zu berücksichtigen.

PROKOFJEW weist als Beispiel auf die Preislisten für Bauxite und Schwarzmetalle hin, in denen dies bereits verwirklicht ist. Einheitliche Konditionen wurden auch bereits für eine Reihe Lagerstätten des Wolframs, Arsens, Zinns, der silikatischen Nickelerze usw. festgelegt. Derartige festgelegte Anforderungen an das Erz müßten den Erkundungsgeologen bekannt sein, um jede aufgefundene Vererzung bewerten zu können. „Einige Lagerstätten machen ein individuelles Herangehen und die Festlegung spezieller Konditionen für die Vorratsberechnung notwendig, die überwiegende Anzahl aller Lagerstätten kann jedoch durch die vorgeschlagenen Konditionen erfaßt werden."

1955 formulierte PROKOFJEW seinen Standpunkt wie folgt:

„Der industrielle Minimalgehalt an nutzbarer Komponente im Erz ist der Gehalt, bei dem das Erz in der Industrie verwendet werden kann."

[5]) Da diese Bemerkung bei uns Verwirrung stiften könnte, sei erläutert: Das trifft dann zu, wenn auf einer Lagerstätte zwei oder mehr Erzsorten abgebaut werden, wenn ein Teil der Lagerstätte im Tagebau, ein anderer im Tiefbau abgebaut wird usw.

„Der geologische Schwellengehalt ist der Gehalt an nutzbarer Komponente in den äußersten Proben, welche zweckmäßigerweise in den industriellen Umriß einbezogen werden. Der geologische Schwellengehalt ist eine Funktion des industriellen Minimalgehaltes."

Der industrielle Minimalgehalt wird hauptsächlich durch ökonomische Faktoren bestimmt. Die Möglichkeit, ein solches Erz tatsächlich auf einer Lagerstätte abzubauen und zu fördern, hängt oft von den geologischen Besonderheiten der Lagerstätte ab, vom Charakter der Verteilung der nutzbaren Komponente, der mineralogischen Zusammensetzung des Erzes usw.

Die Bestimmung des industriellen Minimalgehaltes und geologischen Schwellengehaltes — schreibt PROKOFJEW — erfordert komplizierte technisch-ökonomische Berechnungen und wird in der Sowjetunion gewöhnlich von besonderen Instituten oder den technischen Verwaltungen der entsprechenden Ministerien durchgeführt.

Die Methoden der Bestimmung dieser Größen, wie sie A. P. PROKOFJEW empfiehlt, wurden dem Leser der Zeitschrift für angewandte Geologie schon vor längerer Zeit referiert (1956 a und b).

In diesen Vorschlägen spricht PROKOFJEW neben anderen Faktoren dem Abgabepreis oder durch den Plan vorgegebenen Kosten bei der Bestimmung des industriellen Minimalgehaltes bedeutenden Einfluß zu.

8. Schlußbemerkung

Dieser Überblick über neuere sowjetische Anschauungen zeigt, daß die Methodik der Bestimmung der Konditionen in vielerlei Hinsicht noch umstritten ist. Es liegen sogar wesentliche Unterschiede in den Auffassungen der verschiedenen Autoren über die Grundlagen einer solchen Festlegung vor.

Dieser Tatbestand charakterisiert u. a. die Kompliziertheit des Problems. Wie die Erfahrung zeigt, kann nicht vorausgesetzt werden, daß seine Vielschichtigkeit, die verwickelten Beziehungen und gegenseitigen Beeinflussungen aller zu beachtenden Faktoren gegenwärtig allgemein bekannt sind. Vorschläge für die Methodik der Bestimmung der Konditionen in der DDR, die zwangsläufig — aus der Vielfalt der zu berücksichtigenden Momente heraus — nicht einfach sein können, mußten Gefahr laufen, auf Unverständnis oder Ablehnung zu stoßen.

Andererseits besteht jedoch heute die dringende Notwendigkeit, die bestehenden vorläufigen Konditionen in der DDR durch ökonomisch begründete zu ersetzen. Es ist nach Meinung des Verfassers der Zeitpunkt gekommen, in dem wir uns an die Lösung dieser Aufgabe wagen können. Besondere Aktualität erhält die Ausarbeitung einer Methodik der Bestimmung von Industriekonditionen für mineralische Rohstoffe dadurch, daß die Staatliche Plankommission von den entsprechenden Institutionen die Überprüfung der derzeit bestehenden und die Neuausarbeitung von Konditionen für eine Reihe von Rohstoffen fordert.

Vorschläge in dieser Richtung wird der abschließende Teil dieser Arbeit enthalten.

(Fortsetzung in einem der nächsten Hefte)

Zusammenfassung

Es wird der Standpunkt der sowjetischen Fachleute zum industriellen Minimalgehalt, geologischen Schwellengehalt und zu den festgelegten Abgabepreisen der Bergbauprodukte dargelegt. Verfasser beschränkt sich dabei auf sowjetische Veröffentlichungen der letzten 15 Jahre. Besonders eingehend werden die Anschauungen POSHARIZKIJs referiert, in dessen Vorschlägen eine bemerkenswerte Annäherung an amerikanische Auffassungen festgehalten wird. Eine sowjetische Methode der Bestimmung des industriellen Minimalgehaltes in polymetallischen Lagerstätten wird mitgeteilt. Das Prinzip der betrieblichen Rentabilität und die Frage der Differentialrente im Bergbau werden beleuchtet; die Streitfrage wird erörtert, ob Konditionen für jeden Betrieb oder für den ganzen Industriezweig festzulegen sind.

Резюме

Излагается мнение советских специалистов по вопросу определения минимального промышленного содержания, геологического бортового содержания и установленным отпускным ценам продуктов горного дела. Автор ограничивается при этом работами советских авторов, опубликованными за последние 15 лет. Автор освещает особенно подробно взгляды ПОЖАРИЦКОГО, предложения которого весьма близки к мнению американских исследователей. Сообщается советский метод определения промышленного минимального содержания в полиметаллических месторождениях. Рассматриваются принцип заводской рентабельности и вопрос дифференциальной ренты в горной промышленности. Автор касается спорного вопроса о том, определять ли кондиции для каждого предприятия в частности или для всей отрасли промышленности в целом.

Summary

Industrial minimum content, geological threshold content and fixed selling prices of mining products are reviewed from Soviet expert aspects, restricted to Soviet publications of the last 15 years. A particularly detailed account is given of views held by POSHARIZKIJ, whose proposals show a remarkable approach to American opinions. A Soviet method to determine the industrial minimum content of polymetallic deposits is considered. The principle of operational profitableness and the problem of differential revenue in mining are explained, and a discussion is presented on the question of conditions to be fixed for every plant taken separately, or for the whole branch of industry.

Literatur

AGOSCHKOW, M. N. & D. M. BRONNIKOW: Zur Bestimmung des industriellen Minimalgehaltes im Erz. — Arb. d. Inst. f. Bergwesen, Ausg. I, 1954 (russisch).

GINSBURG, J. G.: Die Grundlagen der Bewertung von Lagerstätten nutzbarer Bodenschätze und Bergwerken. — Gornij journal, H. 12, 1958 (russisch).

IWANOW, I. D.: Die Grundlagen der Bewertung von Lagerstätten nutzbarer Bodenschätze und Bergwerken. — Gornij journal, H. 3, 1958 (russisch).

KRYSHOW, L. W.: Die Bestimmung der Ausschußgrenze der Bilanzvorräte. — Gornij journal, H. 7, 1952 (russisch).

KULIBIN, W. A.: Die Bestimmung der unteren Gehaltsgrenze des nutzbaren Bodenschatzes im Erz. — Gornij journal, H. 9, 1950 (russisch).

LAWFORD, E. G.: How Much of the Vein is Ore? — Eng. and Min. J., H. v. 14. Jan. 1928.

MALYSCHEW, J. J.: Diskussionsbemerkungen zum ersten Punkt der Tagesordnung des „Internationalen Kolloquiums über Fragen der Vorratsklassifikation" vom 27. 1. bis 29. 1. 1959 in Berlin (nicht autorisiertes Protokoll der Verhandlungen, Handschrift).

MAISENBERG, L.: Die Preisbildung in der Volkswirtschaft der UdSSR. — Moskau 1953 (russisch).

NOWOSHILOW, B. F.: Die Grundlagen der Bewertung von Lagerstätten nutzbarer Bodenschätze und Bergwerken. — Gornij journal, H. 8, 1958 (russisch).

PERWUSCHIN, S. A.: Die Grundlagen der Bewertung von Lagerstätten nutzbarer Bodenschätze und Bergwerken. — Gornij journal, H. 8, 1958 (russisch).

POMERANZEW, W. W.: Die Grundlagen der Bewertung von Lagerstätten nutzbarer Bodenschätze und Bergwerken. — Gornij journal, H. 3, 1958 (russisch).

POSHARIZKIJ, K. L.: Die Grundlagen der Bewertung von Lagerstätten nutzbarer Bodenschätze und Bergwerken. — Gornij journal, H. 9, 1957 (russisch).

— Grundlagen für die Bestimmung des industriellen Minimalgehaltes im Erz. — Gornij journal, H. 9, 1947 (russisch).

PROKOFJEW, A. P.: Praktische Methoden der Vorratsberechnung von Erzlagerstätten. — Moskau 1953, (russisch, deutsche Übersetzung: Vorratsberechnung mineralischer Rohstoffe, Berlin 1956).

— Die Umgrenzung von Erzkörpern bei der Vorratsberechnung, Moskau 1955 (russisch).

— Über industriellen Minimalgehalt und geologischen Schwellengehalt. — Z. angew. Geol., H. 4, 1956 (a).

— Die Bestimmung des geologischen Schwellengehaltes mit Hilfe statistischer Analyse der Bemusterungsergebnisse. — Z. angew. Geol., H. 5/6, 1956 (b).

RATSCHKOWSKIJ, S. J.: Die Bestimmung des industriellen Minimalgehaltes der Metalle in Erzen der Buntmetalle. — Zwetnije metally, H. 5, 1948 (russisch).

— Die Grundlagen der Bewertung von Lagerstätten nutzbarer Bodenschätze und Bergwerken. — Gornij journal H. 12, 1958 (russisch).

RYSHOW, A. P.: Die Geometrisierung der Tiefen. — Moskau 1952 (russisch).

SCHABELNIKOW, G. P.: Die Grundlagen der Bewertung von Lagerstätten nutzbarer Bodenschätze und Bergwerken. — Gornij journal, H. 12, 1958 (russisch).

SMIRNOW, W. I.: Die Vorratsberechnung mineralischer Rohstoffe. — Moskau 1950 (russisch).

STAMMBERGER, F.: Zum Problem der Bauwürdigkeit. — Z. angew. Geol., H. 2/3, 1957.

SUBRILOW, L. J.: Die Grundlagen der Bewertung von Lagerstätten nutzbarer Bodenschätze und Bergwerken. — Gornij journal, H. 8, 1958 (russisch).

Zeitschrift für angewandte Geologie (1960) Heft 5

Instruktion zur Anwendung der „Klassifikation der Lagerstättenvorräte fester mineralischer Rohstoffe“ auf Braunkohlen-Lagerstätten der Deutschen Demokratischen Republik

1. Braunkohlen-Instruktion
vom 8. Dezember 1959

INHALT

1. Allgemeines

1.1 Unter der Sammelbezeichnung Kohlen werden brennbare Sedimentgesteine zusammengefaßt, die sich aus pflanzlicher Substanz unter Abschluß von Luft im Laufe der Erdgeschichte gebildet haben.

1.2 Braunkohle ist ein brennbares Sedimentgestein; sie besteht zum weitaus größten Teil aus Überresten fossilen pflanzlichen Materials, ist von gelblich-brauner bis schwarzbrauner Farbe, feinschichtig bis amorph, von erdigweicher bis stückig-harter Konsistenz, meist spätkretazischen bis tertiären Alters. Sie läßt sich gegenüber Torf durch das Fehlen von freier Zellulose, gegenüber Steinkohle durch den Strich, den Huminsäurenachweis, die Farbreaktion mit HNO_3, die Ligninreaktion und den Wassergehalt abgrenzen (als die wesentlichsten Unterscheidungsmerkmale).

1.21 Die Trennlinie zwischen Torf und Braunkohle hinsichtlich der Verbrennungswärme (H_0) ist noch nicht festgelegt. Die Trennlinie zwischen Steinkohlen und Braunkohlen wurde von der ECE[1]) bei $H_0 = 5700$ kcal/kg mit einer Toleranz von ± 60 kcal/kg festgelegt. Dieser Grenzwert ist bezogen auf die aschefreie Substanz (af) beim Gleichgewichtswassergehalt (96% relative Luftfeuchtigkeit bei 30° C).

1.22 Braunkohlen werden unterteilt in Weichbraunkohlen und Hartbraunkohlen.

1.221 Weichbraunkohlen besitzen in frischem Anhieb eine braune bis dunkelbraune, teilweise schwarze Farbe. Bitumenreiche Varietäten sind etwas heller bis gelblichbraun. Sehr hell können Xylite sein. Der Rohkohlenwassergehalt[2]) der in der DDR geförderten Weichbraunkohlen beträgt bis zu 62% Wasser[3]).

1.222 Hartbraunkohlen sind in der DDR bisher nicht bekannt. Unter Braunkohle wird nachfolgend schlechthin Weichbraunkohle verstanden.

2. Einteilung der Braunkohlen

2.1 Die Einteilung der Braunkohlen erfolgt nach ihren Verwendungsmöglichkeiten. Man unterscheidet nach dem Asche-, Teer- und Schwefelgehalt verschiedene Braunkohlensorten:

Braunkohlensorten der DDR*)
(in Anlehnung an Rammler-Bilkenroth)

	Asche (wf) %	Teer (wf) %	Schwefel gesamt (wf) %	Unterer Heizwert kcal/kg
Kokskohle I (f. metall. Zwecke)	< 7	–	< 1,2	–
Kokskohle II (f. chem. Zwecke)	< 10	–	< 1,2	–
Schwelkohle	< 30	> 12	–	–
Brikettierkohle	< 15	< 12	> 1,2	–
Kesselkohle I	> 15	–	–	> 1700
Kesselkohle II	> 15	–	–	1300 – 1700

*) Die in den „Begriffsbestimmungen für den Braunkohlenbergbau“ auf S. 8 veröffentlichte Tabelle 1 wird in Abstimmung mit der Abteilung Kohle der Staatlichen Plankommission durch die hier angeführte Tabelle ersetzt.

2.11 Nach der Beschaffenheit der Aschebildner lassen sich nach den „Begriffsbestimmungen für den Braunkohlenbergbau“ (1958) die Braunkohlen noch in normale Kohlen (< 2% Na_2O in wf Asche) und in Salzkohlen (> 2% Na_2O in wf Asche aller Kohlensorten) unterteilen.

3. Forderungen des Bergbaus an Braunkohlenlagerstättenvorräte

3.1 Begriffsbestimmungen

3.11 Ein Braunkohlenflöz kann einfach ausgebildet sein oder aus mehreren Kohlenbänken bestehen.

3.111 Ein einfaches Kohlenflöz muß auf größere Entfernung eine Mindestmächtigkeit von 1 m besitzen.

3.112 Ein zusammengesetztes Kohlenflöz kann durch Zwischenmittel in zwei oder mehrere Kohlenbänke geteilt sein. Dabei darf im allgemeinen die Mächtigkeit des Zwischenmittels nicht größer sein als die Mächtigkeit der abgeteilten Kohlenbank.

3.113 Wenn die Zwischenmittel auf größere Erstreckung mächtiger sind als Flözteile, empfiehlt es sich, diesen Flözteilen entsprechende Bezeichnungen (z. B. Oberbank — Mittelbank — Unterbank) zu geben und diese Flözteile gesondert zu berechnen.

3.12 Wenn die Braunkohlenschichten eine so geringe Mächtigkeit besitzen, daß sie jetzt und in naher Zukunft ohne praktische Bedeutung sind, empfiehlt es sich, diese Eigenschaft bereits in der Bezeichnung, wie folgt, zum Ausdruck zu bringen:

3.121 Braunkohlenlagen heißen isolierte Kohlenschichten dann, wenn ihre Mächtigkeit geringer als 1 m und größer als 0,1 m ist und sie auch nach 3.112 nicht zu einem Flöz gehören.

3.122 Braunkohlenschmitzen heißen isolierte Kohlenschichten dann, wenn ihre Mächtigkeit im beobachteten Punkt geringer als 0,1 m ist.

3.2 Richtwerte für Bilanz- und Außerbilanzvorräte

3.21 Von allen zur Zeit in der DDR bekannten Lagerstättenvorräten an Braunkohlen ist beim heutigen Stand der Technik nur der Abbau bestimmter Vorräte (Bilanzvorräte) volkswirtschaftlich vertretbar, und zwar nur dann, wenn:

3.211 die Kohlenflöze eine bestimmte Mindestmächtigkeit besitzen;

3.212 die Vorräte sich in volkswirtschaftlicher Übereinstimmung mit der Teufe, Lagerung, Substanzmenge u. a. befinden;

3.213 die Qualitäten der Kohlen volkswirtschaftliche Anstrengungen für ihren Abbau rechtfertigen.

3.22 Diese Voraussetzungen für einen zu rechtfertigenden Abbau beeinflussen sich gegenseitig, wirken gemeinsam und bedürfen zu ihrer größenmäßigen Festlegung sorgfältiger ökonomischer Berechnungen. Diese für die Bergwirtschaft wichtigen Fragen werden in der DDR nach volkswirtschaftlichen Gesichtspunkten gemeinsam von der Staatlichen Plankommission, der Zentralen Vorratskommission und der Braunkohlenindustrie in Form von Richtwerten (ökonomisch begründeten Industriekonditionen) entschieden.

3.23 Als allgemeine Richtwerte für die Berechnung der Bilanzvorräte gelten für die DDR bis auf Widerruf folgende Größen:

---

[1]) ECE = Wirtschaftskommission der VEREINTEN NATIONEN für Europa (Die ad-hoc-Gruppe für Braunkohle in der ECE arbeitete seit 1949 unter Vorsitz von Prof. Dr.-Ing. RAMMLER/DDR).

[2]) Der Rohkohlenwassergehalt ist der Wassergehalt der Förderkohle. Er variiert in Abhängigkeit vom Stand der Entwässerungsmaßnahmen sowie klimatischen und gewinnungstechnischen Faktoren.

In dieser Instruktion werden in Klammern die Abkürzungen für die Bezugsbasis in der üblichen Form gegeben. Es bedeuten:

wf = bezogen auf die wasserfreie Substanz
af = „ „ „ aschefreie Substanz
waf = „ „ „ wasser- und aschefreie Substanz
bgft = „ „ „ bergfeuchte Substanz (d. h. die im unverritzten Feld anstehende Kohle)

[3]) Der Wassergehalt wird in Gewichtsprozenten des wasserhaltigen Brennstoffes angegeben.

3.231 Die Mächtigkeit des einfachen anstehenden Kohlenflözes muß mindestens 2 m betragen.

3.232 Die Mächtigkeit des zusammengesetzten Braunkohlenflözes muß mindestens 2 m betragen und die Qualität des Gesamtflözes (Kohle + nichtausgehaltene Zwischenmittel) mindestens den Konditionen für Kesselkohle II (Abschnitt 2.1), unterer Heizwert über 1300 kcal/kg, entsprechen. Soll ein Zwischenmittel ausgehalten werden, so muß bei zusammengesetzten Flözen die Mächtigkeit der anstehenden Kohle mindestens 2,80 m, bei zwei auszuhaltenden Mitteln 3,60 m betragen.

3.24 Als Außerbilanzvorräte werden solche Braunkohlenvorräte berechnet, bei denen die Kohlenmächtigkeit weniger als 2 m, jedoch mehr als 1 m beträgt. Lagerstättenteile mit Mächtigkeiten unter 1 m bleiben für die Vorratsberechnung unberücksichtigt.

3.25 Die anstehenden Vorräte sind in den einzelnen Vorratsgruppen nach Kohlensorten getrennt, entsprechend den jeweiligen Qualitätsansprüchen (s. 2.1), zu führen.

3.26 Bei den jeweiligen Lagerstätten sind die berechneten Felder nach Verwendungszweck und Qualität der Kohle in folgender Weise zu unterscheiden:

Brikettierkohlenfelder mit		> 50% Brikettierkohle;
Schwelkohlenfelder	,,	> 40% Schwelkohle und < 50% Kesselkohle;
Kokskohlenfelder		> 40% Kokskohle und < 30% Kesselkohle;
Kesselkohlenfelder	,,	> 50% Kesselkohle;
Salzkohlenfelder	,,	> 50% Salzkohle.

Unabhängig vom Charakter der Braunkohlenlagerstätte nach der o. a. Einteilung, ist stets der prozentuale Anteil der einzelnen vorhandenen Kohlensorten in Klammern hinter der Bezeichnung des Feldes anzugeben.

3.27 Die Vorräte werden in ganzzahligen Vielfachen von 10000 t berechnet und auf 100000 t abgerundet.

3.28 Die in Sicherheitspfeilern oder anderweitig gebundenen Vorräte sind nach folgenden Gesichtspunkten zu berechnen:

3.281 Bilanzwürdige Vorräte in befristeten Sicherheitspfeilern werden als Bilanzvorräte berechnet. Sie sind jedoch gesondert zu führen. Zu den „befristeten" Sicherheitspfeilern gehören die Kohlenkörper unter den Flächen wenig wertvoller Wohn- und Industrieanlagen, unter Tagebauausfahrten, die Hauptschachtsicherheitspfeiler, die Kohlenkörper unter Bermen, Verkehrsbändern und kleineren Wasserläufen.

3.282 Bilanzwürdige Vorräte in ewigen Sicherheitspfeilern werden als Außerbilanzvorräte berechnet. Sie sind gesondert zu führen. „Ewige Sicherheitspfeiler" sind Kohlenkörper unter den Flächen von wertvollen Wohn- und Industrieanlagen, unter wichtigen Verkehrsadern, großen Wasserläufen und Hochwassergebieten, deren Verlegung für immer oder sehr lange Zeit unmöglich oder wirtschaftlich nicht vertretbar ist.

3.283 Bilanzwürdige Vorräte in abseits gelegenen Restfeldern, deren Abbau z. Z. ökonomisch nicht zu vertretende Kosten verursacht, sind als bedingte Außerbilanzvorräte zu berechnen. Sie sind gesondert zu führen. (Eine ökonomische Begründung ihrer Eingruppierung ist der Vorratsberechnung als Anlage beizufügen.)

3.284 Für die in ewigen oder befristeten Sicherheitspfeilern gebundenen bilanzwürdigen Vorräte sind für jeden Vorratsblock kurze Begründungen zu geben.

4. Eingruppierung der Braunkohlenlagerstätten

4.1 Die Braunkohlenlagerstätten in der DDR werden nach besonderen für die Erkundung entscheidenden Gesichtspunkten gegliedert, wobei mehrere Lagerstätten- und Flöztypen zu unterscheiden sind.

4.11 Folgende Lagerstätten lassen sich bei Braunkohlen unterscheiden:

4.111 Lagerstättentyp I
Horizontale oder flachgeneigte Lagerung der Flöze, tektonisch bzw. atektonisch (z. B. durch Eisstauchungen) nicht oder wenig gestört (Beispiel: einzelne Braunkohlenlagerstätten in der Niederlausitz).

4.112 Lagerstättentyp II
Horizontale oder flachgeneigte Lagerung der Flöze, tektonisch bzw. atektonisch gestört (z. B. durch Inlandeis gestaucht). (Beispiel: Lagerstätten in NW-Sachsen, bei Halle, Bitterfeld und Meuselwitz, die Braunkohlenlagerstätte Berzdorf u. a.)

4.113 Lagerstättentyp III
Gefaltete bzw. überkippte Lagerung der Flöze, tektonisch oder atektonisch (z. B. durch Eisstauchungen) sehr stark gestörte Lagerungsverhältnisse (Beispiel: Lagerstätten im Bereich des Muskauer Faltenbogens).

4.12 Auf einer Lagerstätte können mehrere Lagerstättentypen auftreten. Jeder Lagerstättentyp kann ein Flöz oder auch mehrere Flöze enthalten.

4.13 Neben Flözmächtigkeit, Kohlenführung und Zustand des Hangenden und Liegenden haben die Lagerungsverhältnisse (einschl. Kleintektonik) und die Beständigkeit der Flözeigenschaften Bedeutung. Danach lassen sich folgende Flöztypen einteilen:

4.131 Flöztyp 1: das sind Flöze, die aushaltend und beständig sind und deren Eigenschaften (Mächtigkeit, Flözaufbau und Qualität der Kohlen) nur sehr gering schwanken;

4.132 Flöztyp 2: das sind Flöze, die unbeständig bis absetzig ausgebildet sind und deren Eigenschaften (Mächtigkeit, Flözaufbau und Qualität der Kohlen) stärker schwanken.

5. Forderungen an die Methodik der geologischen Erkundung

5.1 Allgemeines:

5.11 Die Methodik der geologischen Erkundung von Braunkohlenlagerstätten, d. h. die Art der Erkundungsarbeiten, ihre systematische Ansetzung auf die Lagerstätte, der Abstand zwischen ihnen usw. wird, u. a. durch folgende Faktoren bestimmt:
a) die Lagerungsverhältnisse und Tektonik,
b) die Anzahl und Mächtigkeit der Flöze und ihre räumliche Verteilung,
c) die Eigenschaften der Flöze,
d) die Oberflächenverhältnisse, Teufenlage der Flöze, Mächtigkeit und Charakter des Deckgebirges, hydrogeologische Verhältnisse, Beschaffenheit des Liegenden,
e) Aufgaben der Erkundung.

5.12 Die Braunkohlenlagerstätten werden in der DDR ausschließlich durch Bohrungen erkundet.

5.13 Die Wahl der Erkundungsmethode (quadratisches oder rechteckiges Netz, Erkundungslinien) ist in erster Linie vom Erkundungsstadium abhängig und wird wesentlich durch Lagerung und Beständigkeit der Flöze beeinflußt.

5.131 Bei flacher Lagerung und aushaltenden Flözen ist ein quadratisches Netz der Bohrungen zweckmäßig.

5.132 Bei Lagerstätten, in denen gerichtete Veränderungen der Flöze auftreten, empfiehlt es sich, ein rechteckiges Bohrnetz anzulegen, dessen längere Seite in der Richtung der geringsten Flözveränderung liegt.

5.133 Bei gefalteten Lagerstätten empfiehlt sich die Erkundung länge Erkundungslinien, die etwa senkrecht zur Streichrichtung der Faltung anzusetzen sind.

5.14 Der Abstand der Bohrlöcher voneinander (Bohrdichte) richtet sich nach den Lagerstätten- und Flöztypen (s. Tabelle 1 im Anhang).

5.15 Die angegebenen Entfernungen sind Richtwerte. In den Grenzzonen der Lagerstätte und in der Nähe der Grenze der minimalen Mächtigkeiten, ebenso bei örtlicher Komplizierung der tektonischen Verhältnisse können zusätzliche Bohrungen (zwischen dem üblichen Bohrnetz und den Erkundungslinien) notwendig werden.

5.16 Bei der Erkundung von Braunkohlenlagerstätten muß die angewandte Erkundungstechnik eine einwandfreie Beurteilung der Kohlenflöze sowie der übrigen Schichten ermöglichen. Auf Grund der bisherigen Erfahrungen empfiehlt die ZVK, in Abhängigkeit vom Erkundungsstadium Kernbohrungen, Meißelbohrungen und „kombinierte" Bohrungen in Verbindung mit geophysikalischen Meßmethoden niederzubringen.

5.161 In Braunkohlenlagerstätten, in denen bei der Erkundung bisher nur Trockenbohrungen (Schappenbohrungen) oder Spülbohrungen niedergebracht wurden, sind ausreichend Kontrollbohrungen als Kernbohrungen niederzubringen, um die Ergebnisse der in die Vorratsberechnung einbezogenen Trocken- oder Spülbohrungen zu bestätigen.

5.162 Bei allen Bohrungen ist der Bohransatzpunkt nach Lage und Höhe zu bestimmen. Als Koordinatensystem sind nur die GAUSZ-KRÜGERschen Meridianstreifen zu verwenden. Die Höhen sind auf Normal-Null zu beziehen. Ebenso ist stets die Endteufenkontrolle durchzuführen.

5.17 Bei Schappenbohrungen sind die Wasserspiegelmessungen vor Aufnahme und nach Beendigung der täglichen Arbeit bzw. bei jedem Schichtwechsel sowie bei Gesteinswechsel durchzuführen.

5.18 Der Kerngewinn muß in den Flözen bei allen Kohlensorten mindestens 80% betragen; im unmittelbaren Liegenden (1 m) und Hangenden (1 m) sowie in den Zwischenmitteln darf der Kerngewinn nicht unter 50% liegen. Bohrungen mit geringerem Kerngewinn können zur Vorratsberechnung nicht herangezogen werden.

5.19 Der Kerngewinn im Deckgebirge muß zur Festlegung der Abbautechnologie sowie zur Feststellung und Bewertung möglicher Lagerstätten nutzbarer mineralischer Rohstoffe ausreichen.

5.2 Dokumentation

5.21 Für die geologische Dokumentation von Erkundungsbohrungen ist die ,,Vorläufige Arbeitsanweisung zur Felddokumentation geologischer Erkundungsarbeiten" der Staatlichen Geologischen Kommission (veröffentlicht in der ,,Zeitschrift für angewandte Geologie" Bd. II, H. 11/12, 1956) zugrunde zu legen.

5.22 Diese oder andere Anweisungen können nicht die Forderungen der ZVK außer Kraft setzen, die bei der Berechnung der Vorräte (s. 6ff.) erhoben werden.

5.3 Probenahme

5.31 Im Stadium der Vorerkundung sind nach makropetrographischer Beschreibung des gesamten Bohrkernes entsprechende Proben für die chemische, technologische und paläontologische Untersuchung zu entnehmen. Die Braunkohlenproben für chemische Untersuchungen sind in diesem Erkundungsstadium aus einem Probenintervall von jeweils 2 m herzustellen.

5.311 Bei Koks- und Schwelkohlen darf bei den Vorratsklassen C_2 und C_1 das Probenintervall 1 m und bei den Vorratsklassen B und A_2 2 m nicht übersteigen.

5.312 Bei Brikettierkohlen sind die Proben vom obersten Meter des Braunkohlenflözes und dann jeweils in Intervallen von 2 m herzustellen. Sind die Flöze mächtiger als 20 m, kann im fortgeschrittenen Erkundungsstadium (ab Vorratsklasse B) ein Intervall bis zu 5 m zu einer Probe verarbeitet werden.

5.313 Bei Kesselkohlen kann aus einem Probenintervall von 2—5 m eine Probe hergestellt werden.

5.32 Die Proben sind sofort in luftdicht verschließbaren Gefäßen aufzubewahren und auf der Bohrstelle unter Verschluß zu halten.

5.33 Darüber hinaus ist die Untersuchung der Bodenschichten, der Sande, Kiese und Tone des Deckgebirges durch Bereitstellung von Proben zu sichern.

5.4 Untersuchungen an Braunkohlen

5.41 An Braunkohlen sind nachstehend aufgeführte Untersuchungen durchzuführen:
a) chemische (s. Tabelle 2 im Anhang)
b) technologische (physikalische und physikochemische)
c) petrographische
d) paläontologische

5.411 Chemische Untersuchungen liefern bei allen Kohlensorten in Verbindung mit petrographischen Untersuchungen (z. B. bei Kokskohlen) die Grundlage für den technologischen Einsatz.

5.4111 Für die chemischen Untersuchungen gelten vorläufig die vom ehemaligen Ministerium für Schwerindustrie in Anlehnung an die DIN 51700 herausgegebenen ,,Richtlinien über die Methoden der Untersuchung von Braunkohle, Braunkohlenbriketts und Schwelereiprodukten in den volkseigenen Braunkohlenbetrieben" vom März 1954.

5.4112 In Abhängigkeit vom Erkundungsstadium und der Braunkohlensorte sind die im Anhang (Tabelle 2) geforderten Analysen durchzuführen.

5.4113 Die Asche der Braunkohlen ist im Stadium der Vorerkundung auf Al_2O_3, Fe_2O_3 und Spurenelemente sowie hinsichtlich ihrer weiteren Verwendung zu prüfen.

5.412 Technologische Untersuchungen

5.4121 Es handelt sich um folgende Untersuchungen: Siebanalyse der Rohkohle, Ermittlung der maximalen Vorbelastung, Wichtebestimmung, Bestimmung des p_H-Wertes, Remissionsmessung u. a.

5.4122 Die Raumgewichtsbestimmung erfolgt am besten durch den Abbau eines bestimmten Flözvolumens und Wägung der herausgehauenen Rohkohlenmenge. Bestimmungen nach dem Bohrkern sind gestattet, wenn die entsprechenden Vorschriften eingehalten werden. Es sind dann möglichst Reihenbestimmungen vorzunehmen. Während des Abbaus ist eine Kontrolle des Raumgewichts vorzunehmen.

5.413 Petrographische Untersuchungen sind im Stadium der Vorerkundung bei allen Kohlensorten bis zur Vorratsklasse C_1 durchzuführen.

5.4131 Bei petrographischen Untersuchungen kommt insbesondere dem makropetrographischen Befund Bedeutung zu. Es ist auf folgende Lithotypen zu achten: ungeschichtete Kohle, schwach geschichtete Kohle, schichtige Kohle, xylitische Kohle, doppleritische Kohle[4]) und tonig sandige Kohle. Diese Lithotypen geben Hinweise auf die technologischen Eigenschaften der Rohbraunkohle.

5.4132 Die unter 5.4131 geforderte petrographische Untersuchung ist bei Kokskohlenlagerstätten in Anwendung zu bringen. Für Schwelkohlenlagerstätten ist der subjektive makropetrographische Befund durch die Messung des Remissionsgrades zu ergänzen.

5.414 Paläontologische Untersuchungen haben im Stadium der Vorerkundung besondere Bedeutung. Beim Antreffen von Braunkohlenflözen sind für die üblichen paläontologischen Untersuchungen die Probemengen sowie der Abstand der Probenpunkte in Absprache mit den Beauftragten des Zentralen Geologischen Dienstes festzulegen.

5.5 Untersuchungen des Nebengesteins

5.51 Im Nebengestein können wirtschaftlich verwertbare Sande, Kiese oder Tone auftreten, die technologisch und paläontologisch zu untersuchen sind. Dabei ist besonders auf Schwermineralsande zu achten.

5.6 Im Laufe der Erkundung sind die hydrogeologischen und bergtechnischen Abbaubedingungen zu klären. Hierzu gehören u. a.:
a) Anzahl der wasserführenden Horizonte, ihr petrographischer Charakter, ihre Verbreitung, Mächtigkeit, ihr hydrostatisches Niveau, Wassereinzugsgebiet und Chemismus des Wassers; zu erwartende Zuflußmenge;
b) Nebengesteinsschichten, die die bergmännischen Arbeiten erschweren könnten (Bändertone, Schwimmsand, Blockpackungen u. a.);
c) die physikalischen und gebirgsmechanischen Eigenschaften des Deckgebirges;
d) die Klärung der Grundzüge der Tektonik.

5.7 Im Laufe der Erkundung sind entsprechende bodengeologische Untersuchungen durchzuführen, um bei der Rekultivierung von Abraumkippen kulturfähige Bodenschichten zum Auftragen zu haben.

6. Einstufung der Vorräte in die Vorratsgruppen und -klassen

6.1 Für die Einstufung der Vorräte in die einzelnen Vorratsgruppen und -klassen ist die ,,Klassifikation der Lagerstättenvorräte fester mineralischer Rohstoffe" vom 4. 9. 1956 zugrunde zu legen.

6.2 Vorratsgruppen (siehe Abschnitt 3.2)

6.3 Vorratsklassen

6.31 Zur Klasse A_1 gehören Vorräte, die bei der Vorratsberechnung Werte ergeben, die praktisch keine Abweichungen beim Abbau erwarten lassen.

6.32 Zur Klasse A_2 bzw. a_2 gehören Vorräte, wenn ihre Erkundung in dem Maße erfolgte, daß folgende Anforderungen erfüllt sind:

6.321 Sie sind nach den in Tabelle 1 gegebenen Richtwerten abzubohren.

---

[4]) Um die für die BHT-Kokserzeugung ausschlaggebende doppleritische Kohle zu erkennen, sind unbedingt quantitative Bestimmungen der Innenkapillarschrumpfung von Faziesproben durchzuführen.

Zu 7. Anhang

Tab. 1. Richtwerte für den Abstand der geologischen Erkundungsbohrungen in Abhängigkeit von den Lagerstätten- und Flöztypen

Lagerstättentyp	Flöztyp	Entfernungen zwischen den Bohrungen in m*) (Orientierungswerte für ein quadratisches Netz)			
		A_2	B	C_1	C_2
I					
Horizontale oder flach geneigte Lagerung der Flöze,	1	200	400	800	2400
tektonisch bzw. atektonisch nicht oder wenig gestört	2	150	300	600	1800
II					
Horizontale oder flach geneigte Lagerung der Flöze,	1	150	30	600	1800
tektonisch bzw. atektonisch gestört	2	100	200	400	1200
III					
Gefaltete bzw. überkippte Lagerung der Flöze,	1	100	200	400	1200
tektonisch bzw. atektonisch sehr stark gestört	2	50	100	200	600

*) Bei geologisch begründetem rechteckigem Netz beziehen sich diese Entfernungen auf die kurze Seite des Rechtecks. Die Entfernungen der langen Seite des Rechtecks bestimmt der Erkundungsgeologe auf Grund der geologischen Verhältnisse. Sie können das Doppelte der Orientierungswerte betragen.

6.322 Sie müssen nach den in den Vorschriften festgelegten Angaben bemustert sein.

6.323 Die Beschaffenheit des Liegenden und Hangenden muß entsprechend Abschnitt 5.6 geklärt sein.

6.33 Zur Klasse B bzw. b gehören Vorräte, wenn ihre Erkundung so erfolgte, daß folgende Anforderungen erfüllt sind:

6.331 Sie sind nach den in Tabelle 1 gegebenen Richtwerten abzubohren.

6.332 Sie müssen nach den für diese Klasse gegebenen Vorschriften bemustert sein.

6.333 Die Beschaffenheit des Hangenden und Liegenden muß entsprechend Abschnitt 5.6 geklärt sein.

6.34 Zur Klasse C_1 bzw. c_1 zählen Vorräte, wenn sie so erkundet sind, daß folgende Anforderungen erfüllt sind:

6.341 Sie sind nach den in Tabelle 1 angegebenen Richtwerten abzubohren.

6.342 Sie müssen nach den für diese Klasse gegebenen Vorschriften bemustert sein.

6.343 Die Beschaffenheit des Liegenden und Hangenden muß in den Grundzügen entsprechend Abschnitt 5.6 geklärt sein.

6.344 Bei gegebenen geologischen Verhältnissen sind im Anschluß an Vorräte der Klassen A_2 und B Vorräte der Klasse C_1 zu extrapolieren; dabei darf die Extrapolation den in Tabelle 1 angegebenen Richtwert für C_1-Vorräte nicht übersteigen.

6.35 Zur Klasse C_2 bzw. c_2 zählen solche Vorräte, die:

6.351 durch Bohrungen entsprechend den in Tabelle 1 festgelegten Richtwerten für die Bohrlochabstände erkundet wurden;

6.352 durch Extrapolation an nicht extrapolierte Vorräte der Klasse C_1 sowie an Vorräte der Klassen A_2 und B angrenzen. Dabei darf die Extrapolation die in Tabelle 1 festgelegten Entfernungen für die Vorratsklasse C_2 nicht überschreiten.

6.353 Die Vorräte müssen nach den für diese Klasse gegebenen Vorschriften bemustert sein.

6.4 Berechnung der Vorratsblöcke

6.41 Die Berechnung der Vorratsblöcke hat bei den Klassen A_1, A_2 und B aus Rissen im Maßstab 1:5000 und größer zu erfolgen.

6.42 Die C_1-Blöcke sind aus Rissen im Maßstab 1:10000 oder größer zu berechnen.

6.43 Die C_2-Blöcke sind aus Rissen im Maßstab 1:10000, in Ausnahmefällen aus Rissen bis 1:25000 zu berechnen.

6.5 Volkswirtschaftliche Bedeutung der Vorräte

6.51 Vorräte der Klasse A_2 sind die alleinige Grundlage für die Ausführungsunterlagen des Investitionsprojektes.

6.52 Vorräte der Klassen A_2 und B sind die Grundlage für die Erarbeitung des Grundprojektes des Investitionsprojektes.

6.53 Vorräte der Klassen A_2, B und C_1 werden der Vorplanung zugrunde gelegt.

6.54 Die Vorräte der Klassen A_2, B, C_1 und C_2 bilden die Grundlage für die Perspektivplanung des Industriezweiges.

Tab. 2. Chemische Untersuchung der Braunkohlen*)

Vorratsklasse	Analysenwert	Umfang der Analysen
A_2	Weißanalyse	K + GS + (A + GS im Koks) bei Bedarf auch S + Na + B
B	Blauanalyse	K + S + GS + (A + GS im Koks) bei Bedarf auch Na + B + Sch (bei beabsichtigter Brennstaubgewinnung)
C_1	Grünrotanalyse	K + S + GS + H_u + p_H + Sch + (A + GS im Koks) bei Bedarf auch Na + B
C_2	Violettanalyse	K + GS + Na + S + B + H_u + p_H + AE + Sch + (A + GS im Koks)
Beim Aufsuchen von Lagerstätten	Braunanalyse	K + GS + Na + S + B + H_u + p_H + AE + Sch + KE + (A + GS im Koks)

*) In Abhängigkeit vom Grad der Erkundung und der angetroffenen Braunkohlensorte vermindert sich der Umfang der chemischen Untersuchungen. Beim eindeutigen Erkennen der Braunkohlensorte sind dann nur noch die chemischen Untersuchungen vorzunehmen, die zur Charakterisierung derselben unbedingt erforderlich sind.

Ausnahmen

1. Bei eozänen und oligozänen Kohlen ist eine Bestimmung von A + GS im Koks nicht erforderlich.
2) Bei oligozänen Kohlen braucht S und GS in den Vorratsklassen B und A_2 nur im Bedarfsfalle bestimmt zu werden.

Erläuterungen

1. K = Kurzanalyse: Wasser (bgft), Asche (bgft und wf)
   Unter Kurz- oder Immediatanalyse versteht man im allgemeinen die Untersuchung eines festen Brennstoffes auf seinen Gehalt an Wasser, Asche und flüchtigen Bestandteilen.
2. GS = Gesamtschwefel: Schwefel (gesamt) (wf)
   Schwefel – verbr (wf)
3. Na = Salzgehalt: Na_2O – gesamt (wf) Asche und davon
   Na gebd. an Cl (wf Asche)
4. S = Schwelanalyse: Teer (wf)
   Koks (wf)
   Schwelwasser (wf)
   Gas + Verlust (wf)
5. H_u = Unterer Heizwert (lftr. u. wf)
6. B = Bitumenbestimmung: Bitumen (wf)
7. p_H = p_H-Wert
8. AE = Aschenelementaranalyse
9. Sch = Schmelzverhalten der Asche: Erweichungspunkt
   Schmelzpunkt
10. KE = Kohlenelementaranalyse
11. A und GS im Koks
   = Aschen- und Gesamtschwefelgehalt im Koks
   Aschengehalt (wf Koks)
   Gesamtschwefel (wf Koks)

6.55 Für den Braunkohlenbergbau wird gemäß § 6, Absatz 3 der „Klassifikation der Lagerstättenvorräte fester mineralischer Rohstoffe" festgelegt, daß zur Aufstellung des Betriebsproduktionsplanes die Vorräte der Klassen A_1 und A_2 zugrunde zu legen sind.

7. Anhang (s. S. 225)

7.1 Richtwerte für den Abstand der geologischen Erkundungsbohrungen in Abhängigkeit von den Lagerstätten- und Flöztypen (Tabelle 1).

7.2 Chemische Untersuchung der Braunkohlen (Tabelle 2).

Diese Instruktion tritt mit dem Tage ihrer Bestätigung für alle Braunkohlenbetriebe und Institutionen der Braunkohlenindustrie sowie für die Staatliche Geologische Kommission und die ihr unterstellten Betriebe in Kraft.

Berlin, den 9. Dezember 1959

Zentrale Vorratskommission für mineralische Rohstoffe
Ulbrich
Geschäftsführender Sekretär

Zwei Hilfsverfahren zum Zeichnen geologischer Profile

OTFRIED WAGENBRETH, Halle

Nachstehend sollen zwei Verfahren behandelt werden, mit deren Hilfe zwei an sich bekannte Schwierigkeiten beim Zeichnen geologischer Probleme leichter zu lösen sind. Als ich mein Buch über geologisches Kartenlesen und Profilzeichnen bearbeitete, sah ich zwar den Weg zur Lösung der beiden Probleme schon andeutungsweise vor mir, bis zum Abschluß des Manuskriptes fehlte aber die Zeit, die Lösungen reifen zu lassen. In meinem Buch ist deshalb das eine Verfahren nur kurz gekennzeichnet, das andere noch gar nicht berührt. Es handelt sich um

a) das Übernehmen von Höhenlinien aus alten Karten mit Höhendarstellung in Preußischen Dezimalfuß;

b) die Konstruktion des Fallwinkels in überhöhten Profilen.

a) Das Übernehmen von Höhenlinien aus alten Karten mit Höhendarstellung in Preußischen Dezimalfuß

Viele geologische Karten der ehemaligen Preußischen Geologischen Landesanstalt, die heute noch weithin in Gebrauch sind und es auch noch längere Zeit sein werden, enthalten die Höhen in Höhenlinien von 25 Fuß Abstand dargestellt. Da das Verhältnis vom Preußischen Dezimalfuß zum Meter keine runde Zahl ist, decken sich auf einer Karte des gleichen Gebietes die in Fuß konstruierten Höhenlinien nicht mit denen neuerer Karten, die die Höhenlinien im 5-m-, 10-m- und 20-m-Abstand zeigen.

Konstruiert man ein Profil nach einer neueren Karte, so kann man mit Hilfe des gewählten Höhenmaßstabes und dem Niveau der Profilbasis leicht ausrechnen, wieviel Millimeter über der Profilbasis die einzelnen Höhenlinien eingezeichnet werden müssen. Es wird sich meist um gut zeichenbare Beträge in ganzen oder halben Millimetern handeln. Die Übernahme der Höhenpunkte (Schnittpunkte von Höhenlinien und Profillinie auf der Karte) ins Profil bereitet dann keine weiteren Schwierigkeiten. Anders bei Karten mit Höhenlinien in Preußischen Dezimalfuß. Hier müßte man nach Wahl des Höhenmaßstabes zunächst ausrechnen, wieviel Millimeter im Profil von 100 Pr. Dezimalfuß = 37,6 m eingenommen werden. Mit diesem Maß sind die Dezimalfuß-Höhenlinien in die Profilebene einzutragen, wobei noch Zwischenlinien von 25-Dezimalfuß-Abstand konstruiert oder berechnet und abgemessen werden müssen. Es leuchtet ein, daß dieses Verfahren umständlich und — da es um Bruchteile von Millimetern geht — zeichnerisch ungenau ist. Eine bessere Lösung der Aufgabe bietet der Strahlenbüschelsatz (Abb. 1).

Senkrecht über einer Basislinie errichtet man einen Umrechnungsmaßstab von Dezimalfuß auf Meter und wählt als dessen Länge am besten 100 m = 265,5 Dezimalfuß (links in Abb. 1a). Auf diesem Maßstab markiert man die Höhenabstände aller 25 Dezimalfuß. Von der 100-m-Marke und den so entstandenen zehn weiteren Höhenmarken zieht man Strahlen zu einem entfernter liegenden Punkt der Basislinie. Dieses Strahlenbüschel gestattet nun sofort die Dezimalfuß-Markierung auf jeder 100-m-Strecke, die in kleinerem Maßstab dargestellt ist als die Skala links in der Abbildung 1a. Zu diesem Zweck zeichnet man von einem geplanten Profil zunächst Basis und Höhenmaßstab in Metern bis 100 m über Profilbasis auf Transparentpapier. Die Profilbasis legt man nun auf die Basis des Strahlenbüschels und verschiebt das Transparentpapier so lange, bis die 100-m-Marke des Profils auf dem 100-m-Strahl des Strahlenbüschels liegt (Abb. 1b). Die Schnittpunkte der übrigen Strahlen mit dem Profil-Höhenmaßstab markieren dann auf diesem die gewünschte Dezimalfußteilung, die sich natürlich von der Meterteilung völlig unterscheidet. Parallelen zur Profilbasis in der Dezimalfußteilung sind schließlich die zur Profilkonstruktion benötigten Höhenlinien. Diese und die Dezimalfußteilung können nach Vollendung des Profils wieder beseitigt werden, denn der zuerst seitlich angebrachte Metermaßstab genügt ja als Höhenmaßstab.

Reichen 100 m für die Höhe des Profils nicht aus, so bringt man die eben gewonnene 250-Dezimalfuß-Höhenlinie mit der Basis des Strahlenbüschels zur Deckung, trägt über diesem Niveau im Höhenmaßstab des Profils wieder 100 m ab und wiederholt das Ver-

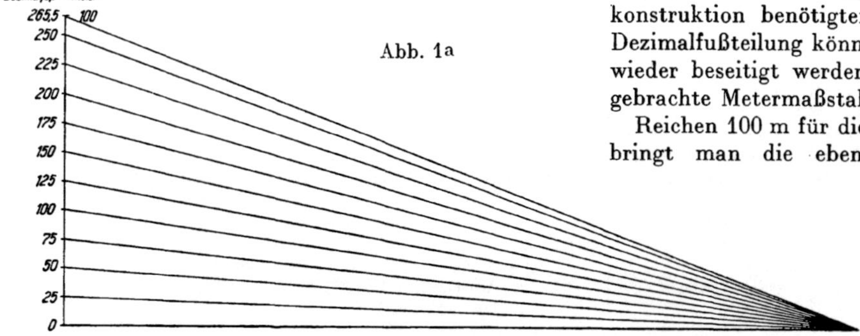

Abb. 1a

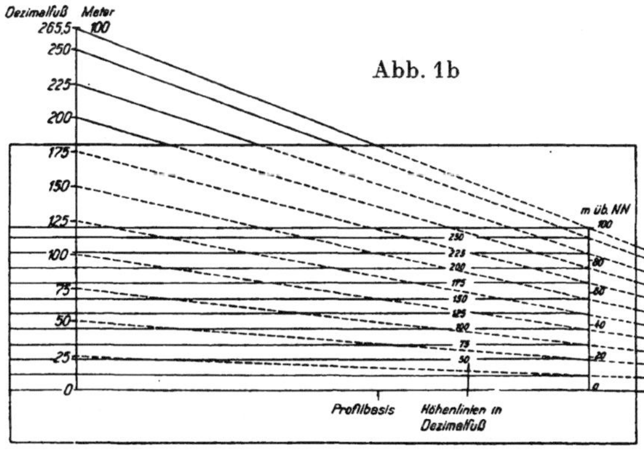

Abb. 1b

fahren. Diese 100-m-Marke aber muß, da sie nicht auf der zuerst eingetragenen 100-m-Säule ruht, sondern zur 250-Dezimalfuß-Linie gehört, bei der Reinzeichnung des Profils wieder entfernt werden, während der in Abb. 1b im Profil gezeichnete Höhenmaßstab mit den 20-m-, 40-m-, 60-m-, 80-m- und 100-m-Marken endgültig ist und nach oben leicht fortgeführt werden kann.

Ein einmal gezeichnetes derartiges Strahlenbüschel ist natürlich stets wieder verwendbar. Das Verfahren erfordert also für das einzelne Profil keine zusätzliche Zeichenarbeit. Wer sich ein solches Strahlenbüschel nicht selbst konstruieren will, kann sogar das in diesem Artikel abgebildete benutzen. Die Vorteile des Verfahrens liegen darin, daß mühselige Umrechnungen und das Abgreifen schwieriger Millimeter-Bruchteile wegfallen. Überhöhte Profile erfordern bei dem Verfahren keine zusätzlichen Handgriffe, da der Längenmaßstab bei der Anwendung des Strahlenbüschels keine Rolle spielt. Als Nachteil mag mancher empfinden, daß zum Profilzeichnen möglichst Transparentpapier, am besten ohne Millimeterteilung, genommen werden muß.

Nach dem gleichen Prinzip lassen sich natürlich Strahlenbüschel auch für alle anderen, nicht dem Meter entsprechenden Maßeinheiten von Höhendarstellungen konstruieren.

b) Die Konstruktion des Fallwinkels in überhöhten Profilen

Im nichtüberhöhten Profil lassen sich die Lagerung einer ebenen, schräggestellten Schicht und ihr Fallwinkel α unter der Ausbißbreite (AB in Abb. 2a) mit Hilfe der Mächtigkeit m leicht konstruieren. Wo die Liegendfläche der Schicht zutage tritt (bei A), ist die Schicht völlig abgetragen, ihre Mächtigkeit also — 0. Wo die Hangendfläche der Schicht zutage tritt (bei B), ist die Schicht gerade noch von der nächsthöheren bedeckt, ihre Mächtigkeit also ganz erhalten.

Auf Grund dieser Überlegung schlägt man mit der Mächtigkeit m (im Maßstab des Profils) um B einen Kreisbogen und legt an diesen die Tangente durch A, die den Kreisbogen in C berührt. Diese Tangente ist im Profil die Liegendfläche AH der Schicht. Die Hangendfläche BG braucht nun bloß parallel durch B gelegt zu werden.

Bei der Überhöhung ändern bekanntlich alle senkrechten Strecken des Profils ihre Länge, alle geneigten Strecken aber ihre Länge und ihre Neigung. Während bei den senkrechten Strecken die Längenänderung genau dem Überhöhungsmaßstab entspricht, ist die Längen- und Neigungsänderung geneigter Schichten sehr verschieden, meist nur mit ziemlichem Aufwand zu ermitteln und führt in der Regel zu Werten, die mit dem Ausgangswert in keinem einfachen Verhältnis stehen. Je steiler eine Strecke, desto größer ist die Längenänderung, die natürlich stets kleiner bleibt als bei senkrechten Strecken. Die absolute Winkeländerung dagegen ist bei Linien mittlerer Neigung am größten und nimmt ab, je steiler und je flacher die Linie im nichtüberhöhten Profil ist. Diese komplizierte Änderung geneigter Strecken bei Überhöhung gilt auch für die Mächtigkeiten, da diese nach Definition senkrecht zur Schichtfläche, bei geneigten Schichten also, absolut gesehen, schräg zu messen sind (in Abb. 2a: m auf AC).

Dadurch führt die an sich einfache Beziehung zwischen Fallwinkel, Ausbißbreite und Mächtigkeit bei der Überhöhung eines Profils zu einer sehr komplizierten Funktion, die für das praktische Profilzeichnen keine Bedeutung erlangen kann. In eine solche Funktion würden folgende durch die Überhöhung bedingte Profiländerungen eingehen (vgl. Abb. 2a, wo durch Verdoppelung der Strecke DC nach unten ein 2:1 überhöhtes Profil mit AK als Schicht-Liegendfläche und BJ als Hangendfläche gewonnen wurde):

1. Aus dem Fallwinkel α wird der scheinbare Fallwinkel α'. Die Abhängigkeit des Winkels α' vom Fallwinkel und vom Überhöhungsmaßstab findet man in der Literatur schon in Tabellenform dargestellt. Ist α bekannt, so sucht man in den Tabellen für jede Überhöhung den Wert α' und kann damit das überhöhte Profil ohne weiteres konstruieren. Oft aber ist α unbekannt, so daß folgende durch die Überhöhung bedingte Komplikationen akut werden:

2. Aus der Mächtigkeit m = BC wird (durch die in Bild 2a gewählte Überhöhung von 2:1) die Strecke BE. Diese Strecke steht zu m = BC — da m wegen der Schichtneigung schräg liegt — in einem nicht durch runde Zahlen auszudrückenden und überhaupt nur umständlich zu berechnen-

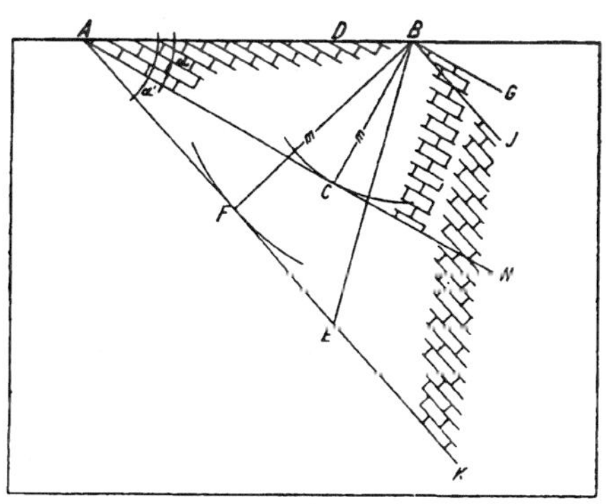

Abb. 2a

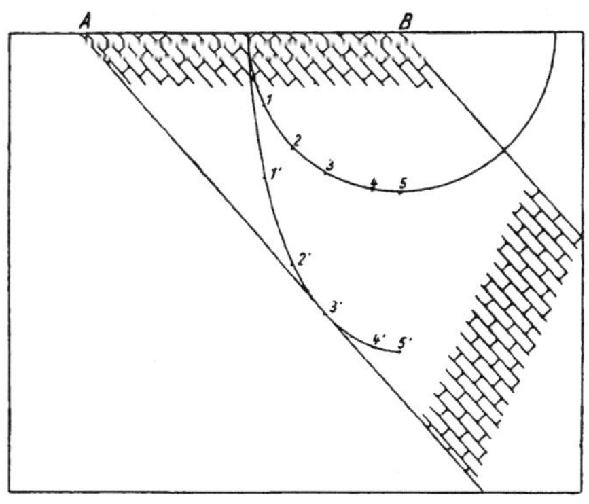

Abb. 2b

Abb. 3

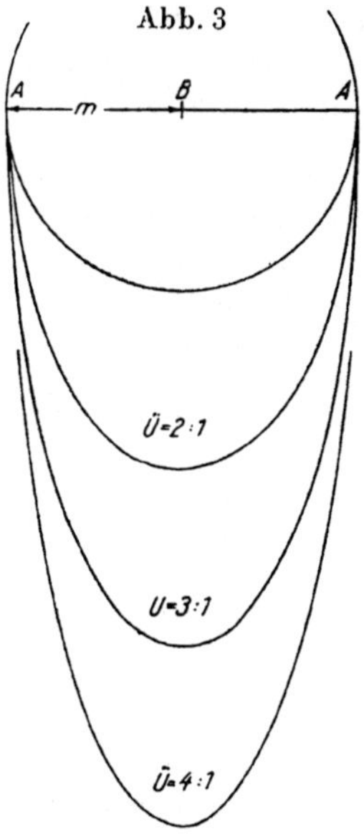

den Verhältnis. Außerdem steht BE nicht senkrecht auf der zugehörigen Schicht-Liegendfläche AK, so daß BE auch geometrisch nicht als „Mächtigkeit" erscheint. Die Strecke BE hat also keine Aussagekraft und auch konstruktiv wenig Sinn. Insbesondere läßt sich mit dieser „überhöhten Mächtigkeit" kein Kreisbogen um B schlagen, um die Schicht-Liegendfläche zu erhalten.

3. Der Definition der Mächtigkeit entspricht im überhöhten Profil der Abb. 2a die Strecke m' = BF, die senkrecht auf der überhöhten Schicht-Liegendfläche AK steht. Wäre diese „scheinbare Mächtigkeit" bekannt oder vielmehr leicht zu berechnen, so könnte man mit ihr einfach wie im nichtüberhöhten Profil um B einen Kreisbogen schlagen, dessen Tangente durch A die Schicht-Liegendfläche des überhöhten Profils wäre. Die „scheinbare Mächtigkeit" ist nun aber wie die überhöhte Mächtigkeit eine Funktion der wahren Mächtigkeit, des wahren und des scheinbaren Fallwinkels, der Ausbißbreite und der überhöhten Mächtigkeit (BE), wobei natürlich diese Stücke auch untereinander abhängig sind. Ohne den Fallwinkel aber läßt sich die scheinbare Mächtigkeit nicht berechnen und deshalb nach bisheriger Methodik auch kein überhöhtes Profil direkt zeichnen. Bisher kam man nur zum Ziel, wenn man die Überhöhung graphisch vornahm, d. h. erst ein nichtüberhöhtes Profil zeichnete und aus diesem dann durch Überhöhung aller einzelnen senkrechten Abschnitte das überhöhte Profil gewann. Daß das in Abb. 2a einfach durch die Verdoppelung der Strecke DC nach unten geschah, liegt an der Annahme einer ebenen Landoberfläche, so daß in der Morphologie nichtüberhöhtes und überhöhtes Profil zusammenfallen. Alle Profile durch ebenes Gelände lassen sich so einfach überhöhen.

Das neue Verfahren löst nun die Aufgabe, überhöhte Profile in jedem Relief ohne Kenntnis des Fallwinkels, nur mit Kenntnis der Mächtigkeit exakt zu zeichnen, ohne daß vorher die Konstruktion eines nichtüberhöhten Profils nötig ist. Das Prinzip des neuen Verfahrens besteht darin, daß man den zur Tangentenkonstruktion benutzten Kreisbogen um B überhöht und dann an die so erhaltene Ellipse die Tangente durch A legt (Abb. 2b). Die Vertikalabschnitte von der Horizontalen bis zu den Punkten 1, 2, 3, 4, 5 usw. auf dem Kreisbogen verdoppelt man also, um eine Überhöhung 2:1 zu erhalten, bis zu den Punkten 1', 2', 3', 4', 5' usw. Man verbindet die Punkte zu einer Ellipse und legt an diese die Tangente durch A, die der Schicht-Liegendfläche AK im Bild 2a entspricht. Für den Fall der Abbildung 2b ist dieses Verfahren allerdings umständlicher als die Verdoppelung der Strecke DC im Bild 2a, da hier die Landschaft als horizontal angenommen wurde. Seine Überlegenheit gegenüber der bisherigen Überhöhungsmethodik zeigt das Verfahren jedoch, wenn es gilt, schräg liegende, ebene Schichten unter bewegter Morphologie darzustellen (Abb. 3u. 4).

Dazu schlägt man gemäß Abb. 3 auf einem besonderen Blatt um Punkt B mit der betreffenden Schichtmächtigkeit im Längenmaßstab des Profils einen Kreisbogen mindestens im Halbkreis von A bis A und konstruiert unter diesem am besten gleich mehrere „Überhöhungsellipsen" in gebräuchlichen Überhöhungsmaßstäben (2:1; 3:1; 4:1). (Diese Hilfskonstruktion der Überhöhungsellipsen ist jederzeit wieder verwendbar.)

Dann konstruiert man das morphologische Profil gleich in der gewünschten Überhöhung auf Transparentpapier und trägt den betreffenden Schichtausbiß ein. Jetzt bringt man das Profil so auf die Hilfskonstruktion der Abbildung 3, daß der Ausbiß der Schicht-Hangendfläche auf Punkt B der Hilfskonstruktion liegt und deren Linie ABA waagerecht, d. h. parallel zur Profilbasis, verläuft. Nun braucht man bloß eine durch den Ausbiß der Schicht-Liegendfläche gehende Tangente an die betreffende Überhöhungsellipse zu legen. Diese Tangente ist die gesuchte Schicht-Liegendfläche, die Parallele dazu durch B die Schicht-Hangendfläche im überhöhten Profil.

Das Verfahren ist, ebenso wie im nichtüberhöhten Profil das Kreisbogenverfahren, brauchbar bei jeder Lage des Profils quer oder spitzwinklig zum Streichen sowie bei allen Niveauunterschieden zwischen dem Ausbiß der Schicht-Liegendfläche und dem der Hangendfläche, gleichgültig, ob dieser höher liegt als jener oder umgekehrt (Abb. 4a und 4b). Bei Verwendung sorgfältig konstruierter Überhöhungsellipsen ist die Genauigkeit des Verfahrens mindestens ebenso groß wie die bei abschnittweisem Überhöhen eines zunächst nicht überhöht konstruierten Profils, wie es bisher notwendig war.

Als Nachteil des Verfahrens mag die Notwendigkeit erscheinen, für jede Mächtigkeit und jede Überhöhung eine andere Überhöhungsellipse konstruieren zu müssen. Diese Schwierigkeiten sind jedoch nicht so groß, wie es zunächst scheint. Jeder Kreisbogen und jede Ellipse läßt sich wiederverwenden, wobei ein und derselbe Kreisbogenradius bei verschiedenen Längenmaßstäben sogar verschiedene Mächtigkeiten repräsentiert. Ein Kreisbogen von 4 cm Radius mit allen zugehörigen Ellipsen verschiedener Überhöhungsmaßstäbe würde also z. B. bezeichnen:

bei Längenmaßstab	1:10000	eine Mächtigkeit	von	400 m
,, ,,	1: 5000	,, ,,	,,	200 m
,, ,,	1: 2000	,, ,,	,,	80 m
,, ,,	1: 1000	,, ,,	,,	40 m

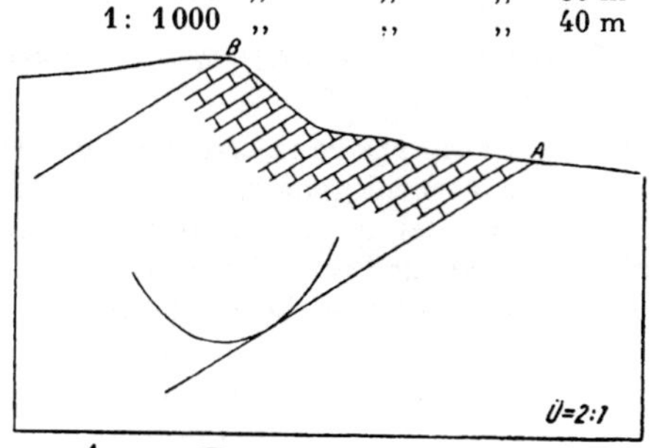

Abb. 4b

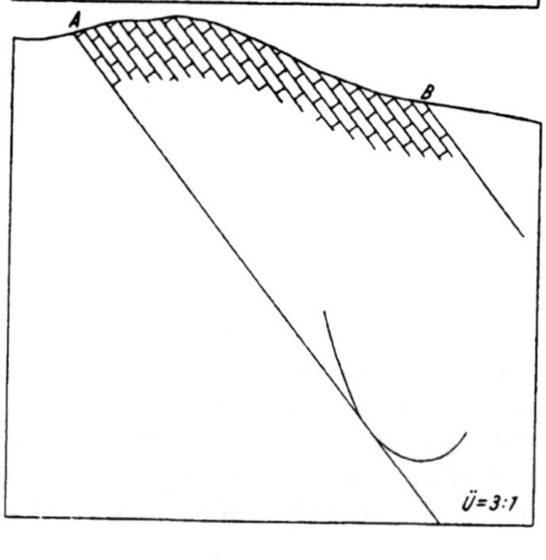

Abb. 4a

Notfalls kann man auch zwischen zwei Tangenten interpolieren, die mit Hilfe zweier dem wahren Mächtigkeitswert benachbarten Überhöhungsellipsen gewonnen wurden. Die Zahl der Überhöhungsellipsen pro Mächtigkeit bleibt wohl ohnehin klein, da man nur in runden Maßstäben und in nicht zu starkem Maße überhöhen soll (vgl. Abb. 3!). Hat man eine Serie von Überhöhungsellipsen gemäß Abb. 3 gezeichnet, dann lassen sich auch auf photographischem Wege Vergrößerungen und Verkleinerungen davon in so enger Abstufung anfertigen, daß praktisch jedem Mächtigkeitswert eine Ellipsenserie zur Verfügung steht.

Zusammenfassung

Als Ergänzung zu seinem 1958 erschienenen Buch „Geologisches Kartenlesen und Profilzeichnen" empfiehlt der Autor 1. zur Konstruktion von Höhenlinien in Preußischen Dezimalfuß in Profilen nach Karten mit diesem Höhenmaß die Anwendung eines „Dezimal-Strahlenbündels"; 2. zur Konstruktion überhöhter Profile in bewegter Morphologie bei unbekanntem Fallwinkel die Anwendung von „Überhöhungsellipsen".

Резюме

В виде дополнения к своей в 1958 году вышедшей книге „Чтение геологических карт и рисовка разрезов" автор рекомендует:

1. применение „пучка лучей десятичных футов" для черчения десятичных высотных линий в разрезах при наличии карт с такой мерой высоты;

2. применение „эллипсов превышения" для черчения превышенных профилей расчлененной морфологии при неизвестном угле падения.

Summary

As a supplement to his book „Geologisches Kartenlesen und Profilzeichnen", edited in 1958, the author suggests 1. to apply a „decimal foot beam" in constructing „Preuß. Dezimalfuß"-contour-lines in profiles from maps with this hypsometry; 2. to apply „exaggeration ellipses" in constructing exaggerated profiles in moving morphology with unknown fallangle.

Literatur

KEILHACK, K.: Lehrbuch der praktischen Geologie; 3. Aufl. 1916; S. 172; Tabelle: Winkeländerung durch Überhöhung.

WAGENBRETH, O.: Geologisches Kartenlesen und Profilzeichnen. — B. G. Teubner, 1958.

Die Bedeutung der Grundwasser-Organismen für hydrogeologische Erkundungen

CURT MUEHLBERGER, Dresden

Ein Teilgebiet der Geomikrobiologie befaßt sich mit der Erforschung der Organismen der Grundgewässer: dem Phreaton.

Nach Art, Herkunft und Zusammenauftreten sind die Organismen der Grundgewässer charakteristisch und können bei geo- und im besonderen montanhydrologischen Erkundungen bedeutungsvoll werden.

Oberirdisch wachsende Pflanzen und Pflanzengesellschaften wurden schon häufig als Indikatoren für den Wasserhaushalt im Untergrund herangezogen. Bei der Prospektion auf oberflächennahe Grundwässer können grundwasseranzeigende Pflanzen von bedingtem Wert sein. Über die in Frage kommenden Pflanzen bringen H. L. CANNON, O. v. LINSTOW, R. PFALZ u. a. Zusammenstellungen. Letzterer erwähnt auch Tiere, und zwar Termiten und Ameisen, als empfindliche Anzeiger der Grundgewässerverhältnisse.

Sobald wir aber unter Tage kommen, ändert sich die Situation sofort. Die gewohnten Anzeiger folgen nicht in die Tiefe, und es ist nicht unmittelbar möglich, zu entscheiden, ob das in den Grubenbauen zusetzende Wasser Tagwasser oder Grundwasser ist. Dem Montanhydrologen fällt nun die Aufgabe zu, Herkunft, Menge und Güte der Grubenwasser zu untersuchen und den gesamten Wasserhaushalt eines Bergbaugebietes zu erfassen. A. GIESSLER (1955) beschrieb hierfür kürzlich neue Arbeitsmethoden.

Die mikroskopische Untersuchung von Grubenwässern hat gezeigt, daß diese biologisch nicht leer sind, sondern niedere Pflanzen und Tiere enthalten. Auf Grund der Bestimmung der Artzugehörigkeit der erkannten Lebensformen besteht die Möglichkeit zu Aussagen über deren Herkunft. Es können Organismen aus Tagewasser gut unterschieden werden von solchen der Grundwässer.

Hierzu ist die Ermittlung von Leitformen, die gebietsmäßig unterschiedlich sind, im mitteleuropäischen Raum jedoch als ziemlich bekannt gelten dürfen, erforderlich. Die Aufgabe besteht darin, einerseits die oberirdischen Tagewässer einer biologischen Inventarisierung zu unterziehen, zum anderen die Grundwasseraustritte auf der Erdoberfläche, also Quellen, Brunnen, Drainagen usw., hinsichtlich ihres lebenden Inhaltes möglichst umfassend zu untersuchen. Erst auf Grund der Kenntnis dieser Lebensgemeinschaften ist es möglich, Leitformen zu finden und die in unterirdischen Gewässern angetroffenen Organismen zu beurteilen.

Als geeignete Leitformen haben sich Copepoden und Amphipoden erwiesen. Die Grundgewässerformen sind weitgehend spezifisch, so daß sie von Oberflächengewässerformen gut unterschieden werden können.

Diese Kleinkrebse sind in Wasserproben mit bloßem Auge sichtbar. Copepoden können einige Millimeter, Amphipoden bis etwa 15 mm groß werden, so daß mit etwas Übung wenigstens die Gattungszugehörigkeit — evtl. unter Zuhilfenahme einer Lupe — rasch, womöglich gleich am Orte der Probenahme, bestimmt werden kann. In trüben, schlammigen Proben ziehen die Tiere durch ihre eigentümlichen Bewegungen die Aufmerksamkeit auf sich und können leicht isoliert und für die mikroskopische Bestimmung konserviert werden.

Infolge ihrer Größe rechnet man die Kleinkrebse nicht mehr zu den mikrobiologischen Objekten im engeren Sinne. Sie bieten aber den Vorteil leichter Erkennbarkeit, so daß sie auch von Nichtzoologen unterschieden werden können. Für intensive Arbeiten jedoch kann auf die Untersuchung der individuen- und artenmäßig in jeder Art Gewässer vorherrschenden Mikrobionten nicht verzichtet werden.

Eine Gegenüberstellung zweier typischer Amphipoden dürfte die Eignung als Indikatoren außer Zweifel stellen:

1. *Gammarus:* Vorkommen: in Oberflächengewässern, Seen, Teichen, Flüssen, Quellen, vereinzelt auch in Ziehbrunnen und anderen Wasserbehältern.
Größe: 15 mm, mitunter 20—35 mm.
Körperfarbe: grünlichbraun, Varietäten rötlich oder bläulich.
Augenflecken: vorhanden.
Das Tier ist in hohem Grade sauerstoffbedürftig und scheint in seinem Auftreten von einem Mindestkalkgehalt des

Wassers von 9—10 mg im Liter abhängig zu sein (H. & E. BEGER, 1928).

Das p_H-Optimum des Wassers liegt für ihn bei 7,2 bis 7,8; p_H 5,6 bis 6,5 wirken auf ihn bereits giftig.

Wo *Gammarus* in unterirdischen Gewässern auftritt, nimmt er ein bleiches Aussehen an (A. SCHELLENBERG, 1942).

Die Feststellung von *Gammarus* in einem unterirdischen Gewässer läßt den Schluß zu, daß eine Einwanderung von oberirdischen Gewässern aus stattgefunden hat. Mit Vorbehalt und unter Zugrundelegung einer größeren Anzahl dieser Tiere wird man nach Pigmentführung bzw. sukzessivem Pigmentverlust auf bestehende oder frühere Zuflüsse aus Oberflächengewässern schließen. Experimentelle Untersuchungen über Abnahme der Pigmentierung durch Dunkelhaltung in durchlüfteten Aquarien könnten Aufschluß über die Zeitdauer dieses physiologischen Prozesses geben. Aussagen über die Dauer des Aufenthaltes in unterirdischen Wasseransammlungen wären dann möglich.

Eine Vermehrung von *Gammarus* in unterirdischen Gewässern ist bisher nicht beobachtet worden.

2. *Niphargus:* Vorkommen: in den Grundgewässern Deutschlands die vorherrschende Amphipoden-Gattung.
Größe: erreicht 10—30 mm Körperlänge.
Körperfarbe: pigmentlos, weißliche Färbung.
Augenflecken: fehlen.
Vermehrung in unterirdischen Gewässern.

Interessant ist, daß die nächsten Verwandten von *Niphargus* Meerestiere sind, wie SCHELLENBERG (1942) festgestellt hat. Sie leben in den Hohlräumen zwischen dem Kies des Strandes. Sie sind blind und farblos, weisen also bereits Umbildungen auf, die *Niphargus* das Gepräge einer „Höhlenart" geben.

Die Unterschiede zwischen *Gammarus* und *Niphargus* können demnach gut erkannt werden. Von Seiten der Wasserhygiene werden sie als Organismen des reinen Wassers bezeichnet.

An Hand der Arten der Gattung *Niphargus* ist es sogar möglich, über die Art und Beschaffenheit der Grundgewässer Aussagen zu machen.

Niphargus aquilex aquilex SCHIÖDTE ist beispielsweise ein Bewohner träge ziehenden Grundwassers. *Niphargellus arndti* SCHELLENBERG dagegen ist für Spaltengewässer typisch. In der südlichen Oberlausitz erstreckt sich das Vorkommen von *Niphargus a. aquilex* auf die Braunkohlenbecken von Zittau—Liberec; im Bereiche der die Becken umrahmenden Gesteine konnte nur *Niphargellus arndti* nachgewiesen werden.

Südlich der Lausitzer Überschiebung, im Gebiete des Sandsteins, scheint *Niphargus* gänzlich zu fehlen (C. MUEHLBERGER 1954, 1956). Über Vorkommen in Gebieten von Flußsystemen, die in früheren Erdepochen verbunden waren, berichtet SCHELLENBERG (1942) ausführlich.

Einschränkungen erfährt der *Niphargus*-Test durch Verbreitungsschranken. Wenn die Gattung auch in den Grundgewässern Mitteleuropas dominierend ist, so wissen wir doch noch nicht, inwieweit sie in die einzelnen gelangt ist und sich verbreitet hat. Es besteht also keine Gewähr für ihr unbedingtes Vorhandensein in einem Grundgewässer. In stärker salzigen und saproben Gewässern sind weder *Niphargus* noch *Gammarus* zu erwarten.

Es wurde deshalb eingangs schon auf die Notwendigkeit mikroskopischer Untersuchungen hingewiesen. Erst ein möglichst vollkommenes Bild der in einem unterirdischen Gewässer angetroffenen Mikroorganismen kann Grundlage für Schlußfolgerungen sein, die auf anderen Wegen gewonnene hydrogeologische Ergebnisse bestätigen können. Schwierigkeiten bestehen insofern, als die sichere Bestimmung der gefundenen Mikrobionten und die Deutung ihrer ökologischen Valenz hierfür Voraussetzung sind.

B. HNATEWITSCH (1929) hat das Eindringen von lebenden Kleinkrebsen aus oberirdischen Teichen in die Erzbergwerke von Schneeberg verfolgen können. Eine Adaptation erfolgte wohl aber nicht, die betreffenden Arten verschwanden nach und nach wieder aus dem Faunenbild der Grubenwasser. Der Wechsel des Lebensraumes nimmt offensichtlich lange — wahrscheinlich meistens geologische — Zeiträume in Anspruch.

Den Copepoden *Diacyclops bicuspidatus* CLAUS fand Verf. in der typischen Form verbreitet in den Grundwässern der Grande Brière (Bretagne), die Unterart *D. bicuspidatus odessanus* SCHMANK. in solchen der südlichen Ukraine. Typus und Unterart sind sonst in Oberflächengewässern heimisch, die schwach salzhaltig sind.

In den Grundwässern des Erzgebirgskammes bei Satzung erwies sich eine *Potamocypris*-Art als vorherrschend, die nur in weiblichen Exemplaren gefunden wurde und sich wahrscheinlich parthenogenetisch vermehrt. Man neigt zu der Annahme, daß es sich um eine Art handelt, deren Vorfahren im Eozän noch in den Flüssen heimisch waren, die aus dem Inneren Böhmens ihren Lauf nach Norden nahmen und durch den späteren Südabbruch und die Hebung des Erzgebirges versiegten, was die Tiere veranlaßte, subterran zu werden.

Entstehung und Verbreitung der Grundwässer-Organismen sind mit erdgeschichtlichen Vorgängen eng verknüpft. W. SCHWARTZ & A. MÜLLER (1958) unterscheiden:

Autochthone Mikroorganismen, die streng substratgebunden sind und aus der Periode der betreffenden Ablagerung stammen. Sie haben die diagenetischen Prozesse überdauert. „Bei ihnen ist die Adaptation an den Standort im allgemeinen am stärksten ausgeprägt."

Allochthone Mikroorganismen besiedelten das Substrat erst später, nach seiner Entstehung, wofür viele Möglichkeiten bestehen.

Ephemere Mikroorganismen sind Fremdformen, die nur durch einen Zufall mit dem Substrat in Berührung gekommen sind und keine engeren Beziehungen zu ihm unterhalten.

Die Einteilung trafen die Autoren in Hinblick auf lebende Mikroorganismen, die in alten Sedimenten und Sedimentgesteinen angetroffen werden.

Es handelt sich dabei um Bakterien, Actinomyceten, Protozoen usw., also um Mikroben im engeren Sinne. Der Nachweis der Autochthonie bei den hier behandelten Metazoen ist ungleich schwieriger. Altersbestimmungen von Grundwasser auf Grund seines C^{14}-Gehaltes wurden kürzlich von K. O. MÜNNICH & J. C. VOGEL (1959) veröffentlicht. Sie finden für Grubenwasser von Salzgitter Alter von 8000 und 10000 Jahren, für Proben aus Brunnen der Kölner Bucht von 0, 800, 2100, 2500 und 10500 Jahren. Den Bestimmungen haften Unsicherheiten an. Wir können annehmen, daß die untersuchten Gewässer in diesen Zeiträumen auch besiedelt worden sind.

A. REMANE & E. SCHULZ konnten uns mit einer Grundwasserfauna in statu nascendi bekannt machen. An der Küste bei Schilksee wird die Anwurfzone, in der Hauptsache aus Seegrasdetritus bestehend, laufend übersandet. Die in die Bereiche der Feuchtzone bzw.

des Küstengrundwassers gelangten Anwurfmassen vertorfen. Sie enthalten eigenartige Mikroorganismen, die bisher teilweise unbekannt waren.

In Zukunft wird man zweifellos auch dem lebenden Inhalt fossiler Sedimentationsgewässer mehr Aufmerksamkeit schenken, deren Bedeutung für die Erdölgeologie nicht hervorgehoben zu werden braucht.

Die Auswertung biologischer Grundgewässer-Untersuchungen stützt sich auf die Tatsache, daß Lebensräume (Biotope) von solchem ausgeprägten Charakter wie die Grundgewässer gewöhnlich von sie kennzeichnenden Lebensgemeinschaften (Biocönosen) von Organismen besiedelt sind, so daß deren Auffindung Rückschlüsse auf den Charakter der von ihnen bewohnten unterirdischen Räume erlaubt. Die ökologische Valenz der einzelnen Lebensformen, d. h. der Spielraum der Umweltbedingungen, innerhalb dessen eine Art lebensfähig ist, führt zu folgender Einteilung der Organismen der Grundgewässer:

Phreatobionten als dauernde Bewohner unterirdischer Gewässer, Phreatophile als solche, die zwar hauptsächlich in Oberflächengewässern leben, sich aber gelegentlich längere Zeit auch in Grundgewässern aufhalten;

Phreatoxene als Gäste von meist beschränkter Dauer.

Die in den Grundgewässern Deutschlands bisher festgestellten Kleinkrebse lassen sich in folgende Gruppen aufteilen:

	Phreatophile und Phreatoxene	Phreatobionten	Insgesamt
Copepoden	18 Arten	8 Arten	26 Arten
Ostracoden	? „	? „	34 „
Amphipoden	3 „	15 „	18 „

Geeignete Fang- und Sammelmethoden ermöglichen es, an nahezu jeder beliebigen Wasserstelle in Grubenbauen Anreicherungen der in den zusetzenden Wässern meist höchst sporadisch vorkommenden Organismen zu erhalten. Allerdings verfügen wir über kein Kriterium für eine totale Erfassung aller in einem bestimmten Grundgewässer vorkommenden Arten. Die Probenahmen müssen deshalb längere Zeit fortgesetzt werden. Die gefundenen Organismen werden möglichst noch lebend bis zur Art bestimmt, konserviert und aufbewahrt. Gleichzeitig untersucht man die Biocönosen oberirdischer Gewässer des gesamten Einzugsgebietes. Vergleichende Betrachtungen werden bald die Unterscheidung echter Grundwasserorganismen von Organismen aus Tagewässern ermöglichen. Mikrofotografische Aufnahmen erleichtern dabei die Arbeit sehr. Treten nach längerer Beobachtungszeit an einer Wasserstelle plötzlich Oberflächenformen auf, die bislang nie gefunden wurden, so ist — falls man sie nicht „übersehen" haben sollte — mit der Entstehung einer Verbindung mit Tagewassern zu rechnen. Diese Anzeichen können sich schon einstellen, lange bevor ein Wassereinbruch erfolgt.

Während Eisen- und Schwefelbakterien, Cyanophyceen und Diatomeen sowohl in ober- als auch in unterirdischen Gewässern vorkommen, sind die grünen Algengruppen infolge Lichtmangels in unterirdischen Gewässern auf die Dauer nicht lebensfähig. Sie sind vielmehr verdächtig, aus Einschwemmungen aus oberirdischen Gewässern oder aus Erdboden zu stammen. Allerdings ist bei diesen kleinen Pflanzen auch Einschleppung, z. B. mit an Schuhen haftender Erde, durch Fledermäuse usw., möglich. Im Scheine elektrischer Beleuchtungen können sie zu kleinen, selbst mit unbewaffnetem Auge sichtbaren Kolonien anwachsen oder Wasseransammlungen grün färben. Treten sie jedoch zahlreich und in frischem Erhaltungszustande besonders an tropfenden oder rieselnden Wasserstellen oder in direkt aufgefangenen Wasserproben aus dem Anstehenden auf, so deuten auch sie auf das Eindringen von Tagewässern, und man wird den Zusammenhängen nachgehen, wobei die bekannten montanhydrologischen Verfahren entscheidend zum Einsatz kommen.

Selbst der größte Skeptiker wird nicht umhin können, der mikrobiologischen Untersuchung unterirdischer Gewässer bei hydrogeologischen Erkundungen einen gewissen diagnostisch-methodischen Wert zuzuerkennen. Sie ist eine Arbeitsmethodik, die bisher nicht berücksichtigt und dementsprechend nicht genügend entwickelt wurde. Als solche kann sie die klassischen Methoden der Hydrologie nicht ersetzen, wohl aber ein helfender Faktor im Sinne von A. GIESSLER sein.

Obwohl über die in Bergwerksgewässern angetroffenen Organismen schon eine Reihe Veröffentlichungen vorliegen, wurde bisher noch nicht der Versuch unternommen, diese für hydrogeologische bzw. montanhydrologische Erkundungen auszudeuten.

Einige Ausführungen über Möglichkeiten und Grenzen der Methode konnten hier gebracht werden.

Zusammenfassung

Das Teilgebiet der Geomikrobiologie befaßt sich mit den Organismen der Grundgewässer. Es werden Leitformen beschrieben und Mitteilungen über ihr Auftreten gegeben. Des weiteren schildert der Autor die Möglichkeit, durch systematische mikrobiologische Untersuchungen unterirdischer Gewässer zusätzliche Hinweise für geo- und montanhydrologische Erkundungen zu gewinnen.

Резюме

Область геомикробиологии занимается организмами грунтовых вод. Описываются руководящие формы и даются сообщения о их появлениях. Кроме того, автор описывает возможности получения дополнительных указаний для геогидрологических и горногидрологических разведок путем систематических микробиологических исследований подземных вод.

Summary

The sector of the geomicrobiology concerns with the ground water organisms. Key forms are outlined and informations about their occurrence are given. The author further describes the possibility to gain supplementary references upon geo and montanhydrological explorations by means of systematic microbiological investigations.

Literatur

BEGER, H. & E.: Biologie der Trink- und Brauchwasser-Anlagen, Jena 1928.

BRINKMANN R., K. O. MÜNNICH & J. C. VOGEL: C^{14}-Altersbestimmung von Grundwasser. — Die Naturwissenschaften 46, H. 1, S. 10/12, 1959.

CANNON, H. L.: Botanische Prospektionsmethoden auf Uranlagerstätten des Colorado-Plateaus und Beschreibung der Indikatorpflanzen. — Geological Survey Bulletin 1030, Washington 1957. — Referiert von H. ULBRICH, Z. angew. Geol. 5, Heft 5, S. 244/47, 1958.

GIESSLER, A.: Neue Arbeitsmethoden der Montanhydrologie. — Bergakademie, Berlin 7, S. 186/89, 1955.

HNATEWITSCH, B.: Die Fauna der Erzgruben von Schneeberg im Erzgebirge. — Zool. Jahrb. System 56, S. 173/261, 1929.

v. LINSTOW, O.: Bodenanzeigende Pflanzen. — Berlin 1929.

MUEHLBERGER, C.: Über die Verbreitung subterraner Amphipoden im Gebiete der Lausitzer Hauptverwerfung. — Die Naturwissenschaften 41, Heft 17, S. 407/08, 1954.

— Der Amphipoden-Test zur Beurteilung der Natur unterirdischer Gewässer. — Wasserwirtschaft-Wassertechnik 4, Heft 9, S. 336, 1954.

— Neue Wege der biologischen Grundwasserforschung. — Wasserwirtschaft-Wassertechnik 6, Heft 2, S. 45/47, 1956.

PFALZ, R.: Grundgewässerkunde, Halle 1951.

REMANE, A. & E. SCHULZ: Die Tierwelt des Küstengrundwassers bei Schilksee, Kieler Bucht, I. — Schriften des Naturw. Vereins für Schleswig-Holstein 20, Heft 2.

SCHELLENBERG, A.: Flohkrebse oder Amphipoda. — Teil 40 der Tierwelt Deutschlands von F. DAHL, Jena 1942.

SCHWARTZ, W. & A. MÜLLER: Methoden der Mikrobiologie. — Freiberger Forschungshefte, Reihe C 48, Berlin 1958.

Zeitschrift für angewandte Geologie (1960) Heft 5

Veränderung des Spülungsregimes beim Schrotbohren[1]

A. K. WETROW & J. I. TSCHEKAWIJ, Moskau

Einer der grundlegenden technologischen Faktoren beim Schrotbohren, der die technische Geschwindigkeit, die Länge eines Bohrmarsches und den Zeitverlust für die Beseitigung von Störungen bestimmt, ist die richtige Festlegung der Spülungsmenge.

In den gegenwärtig gültigen Instruktionen des Ministeriums für Geologie und Lagerstättenschutz der UdSSR und auch in neueren Lehrbüchern wird empfohlen, beim Bohren mit Stahl- und Gußschrot am Anfang eines Bohrmarsches maximal bis 3 l/min Spülflüssigkeit auf einen lfd. cm Kronendurchmesser in das Bohrloch aufzugeben.[2])

Für die heute am meisten verbreiteten Durchmesser beim Schrotbohren (110 und 91 mm) ergibt sich dementsprechend eine Gesamtmenge an Spülflüssigkeit, die am Anfang eines Bohrmarsches aufgegeben wird, von 33 bzw. 27 l/min.

Fortschrittliche Bohrbrigaden von geologischen Erkundungstrupps, Expeditionen und wissenschaftlichen Forschungsorganisationen, deren Arbeiten in wissenschaftlichen Zeitschriften veröffentlicht werden, korrigierten die offiziellen Instruktionen und geben beim Schrotbohren am Anfang eines Bohrmarsches eine wesentlich größere Spülflüssigkeitsmenge auf.

In der Abhandlung „Erfahrungen bei der Arbeit der Erkundungsgeologen der Ukraine“ (Gosgeoltechisdat, 1956) ist das technologische Regime für ein Stahlschrotbohren des geologischen Erkundungstrupps „Oktober“ beschrieben, bei dem beim Bohren mit einem Kronendurchmesser von 110 mm der Verbrauch an Spülflüssigkeit 50—25 l/min betrug. Bei Versuchen mit Schrot aus Gußstahl wurde von Trupps des Ukrainischen Geologischen Trusts eine Spülung mit einer Flüssigkeitsaufgabe von 60—20 l/min angewendet.

Nach den Ergebnissen einer Normierungsbrigade der geologischen Verwaltung des Urals schwankten die Spülflüssigkeitsmengen bei der Erprobung verschiedener Schrotsorten mit erhöhter Festigkeit in den in der Tab. 1 angegebenen Grenzen.

Im Januar 1958 wurde bei den Bohrbrigaden des Temirer geologischen Erkundungstrupps der Nord-Kasachstaner Geologischen Verwaltung eine Überprüfung der Spülflüssigkeitsmengen beim Niederbringen der Bohrungen durchgeführt. In einzelnen Fällen beträgt die Spülungsmenge bei einem Durchmesser der Bohrung von 110 mm am Anfang eines Bohrmarsches 110 l/min und verringert sich bis zu 80 l/min.

In der Regel ist für alle obenangeführten Fälle eine Übererfüllung der Norm für die Arbeitsproduktivität bei einem hohen technischen Bohrfortschritt gegenüber den Werten der einheitlichen Arbeitsnormen charakteristisch.

Die positiven Resultate beim Schrotbohren unter Anwendung einer erhöhten Spülflüssigkeitsmenge zeigen, daß die neuen Spülregimes für Bohrungen Beachtung verdienen. Die große Spanne der Optimalwerte

Tabelle 1

Hauptparameter des Bohrregimes	Schrotsorte				
	gewöhnliches Gußeisenschrot	verbessertes Chrom-Manganschrot	kohlenstoffarmes Schrot mit Zusatz von Stahlbruch	verbessertes Titankupferhaltiges Schrot	Stahlschrot (Stücke)
Spülwassermenge für die Bohrung in l/min					
Am Anfang des Bohrmarsches	25—80	65—110	35—45	55	50—78
Am Ende des Bohrmarsches	10—12	40—50	12—25	25—35	30—50
Verfahren der Schrotaufgabe auf die Bohrlochsohle	periodisch, kombiniert			je Bohrmarsch	periodisch, kombiniert
Kronendurchmesser in mm	91—100	91—110	91	91—110	110

(von 40—110 l/min) läßt jedoch erkennen, daß die wirtschaftlichste Spülungsmenge noch nicht gefunden wurde.

Im ersten Halbjahr 1958 wurden von einer Gruppe der Nordkasachstaner Geologischen Verwaltung Versuchsarbeiten zur Ermittlung der günstigsten Spülungsmenge beim Bohren mit Gußschrot, die jeweils für einen Bohrmarsch aufgegeben wurde, durchgeführt. Die Versuchsergebnisse sind in Tab. 2 aufgeführt.

Die Abhängigkeit der Bohrgeschwindigkeit von der Spülflüssigkeitsmenge und dem spezifischen Druck auf die Bohrkrone bei einer Gußschrotaufgabe jeweils für einen Bohrmarsch ist in der Abbildung dargestellt.

Die in der Tab. 2 und in der Abbildung aufgeführten Werte zeigen, daß die Maximalwerte für technische Geschwindigkeit und Bohrfortschritt erreicht werden,

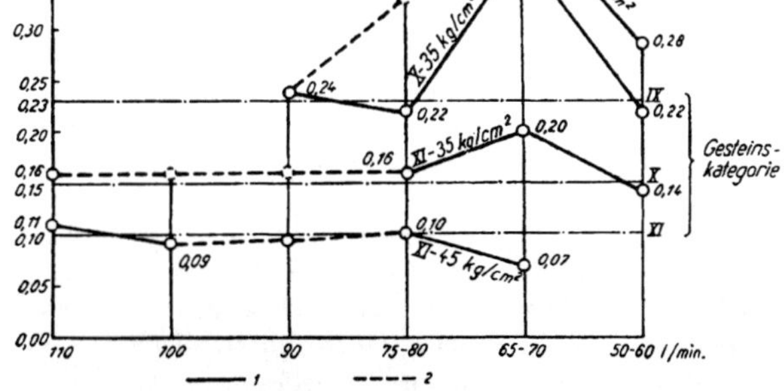

Abhängigkeit der Bohrgeschwindigkeit von der Spülflüssigkeitsmenge und dem spezifischen Druck auf die Bohrkrone bei einer Gußschrotaufgabe jeweils für einen Bohrmarsch
1 — technische Bohrgeschwindigkeit (Normwerte),
2 — Werte wurden nicht ermittelt.

[1]) Aus: „Raswedka u ochrana nedr“, H. 4 (1959). Übers.: Dr. BINTIG.
[2]) WOLKOW, S. A. & B. I.: WOSDWISHENSKIJ. Kernbohrungen bei der Erkundung.— Gosgeoltechistat, 1957. WOLOTSCHENKO, K. G.: Kernbohren.— Gosgeoltechisdat. 1957 u. a.

Tabelle 2

Bohrfähigkeitsklasse des Gesteins	Kronendurchmesser in mm	Reine Bohrzeit in Stunden	Vortrieb	Anzahl der Bohrmärsche	Vortrieb je Bohrmarsch in m: Norm	Vortrieb je Bohrmarsch in m: tatsächlich	Vortrieb je Bohrmarsch in m: in %	Technische Geschwindigkeit in m/h: Norm	Technische Geschwindigkeit in m/h: tatsächlich	Technische Geschwindigkeit in m/h: in %	Druck auf die Bohrlochsohle: gesamt in kg	Druck auf die Bohrlochsohle: spezifischer Druck in kg/cm²	Anzahl der Umdrehungen/min	Spülflüssigkeitsmenge am Anfang eines Bohrmarsches in l/min
XI	110	11,8	1,9	3	0,50	0,63	126,0	0,10	0,16	160,0	950	37	102	110
IX	110	9,5	2,2	2	0,85	1,10	130,0	0,23	0,24	104,3	950	37	102	100
X	110	19,6	4,35	5	0,65	0,87	133,8	0,15	0,22	146,7	700–850	27–32	102	90
IX	110	31,1	7,6	7	0,85	1,09	128,2	0,23	0,24	104,3	700	27	102	90
XI	91–110	9,0	1,45	2	0,50	0,73	146,0	0,10	0,16	160,0	700–950	36	102	75–80
X	91–110	10,5	2,35	2	0,65	1,18	181,5	0,15	0,22	146,7	700–950	36	102	75–80
XI	91–110	37,0	7,3	8	0,50	0,91	182,0	0,10	0,20	200,0	700–950	36	102	65–70
X	91–110	12,5	4,8	4	0,65	1,20	184,0	0,15	0,38	253,0	700–950	36	102	65–70
IX	110	14,4	6,0	4	0,85	1,5	176,0	0,23	0,42	182,5	700	27	102	65–70
VIII	110	1,8	1,75	1	1,15	1,75	153,0	0,36	0,97	269,4	700	27	102	65–70
10,3	91	14,0	3,05	2	0,60	1,53	251,0	0,13	0,22	169,0	700	35	102	65–70
XI	91	19,5	2,65	4	0,50	0,66	132,0	0,10	0,14	140,0	700	35	102	50–60
X	91–110	50,4	11,55	11	0,65	1,05	161,5	0,15	0,23	153,3	700–900	27–35	102	50–60
IX	91–110	31,4	8,5	7	0,85	1,21	140,0	0,23	0,27	117,3	700	27–35	102	50–60
XI	91	5,0	0,55	1	0,50	0,55	110,0	0,10	0,11	110,0	900	45	102	110
XI	91	5,0	0,45	1	0,50	0,45	90,0	0,10	0,09	90,0	900	45	102	100
XI	91	16,0	1,65	3	0,50	0,55	110,0	0,10	0,11	110,0	900	45	102	75–80
XI	91	5,0	0,35	1	0,50	0,35	70,0	0,10	0,07	70,0	900	45	102	65–70

wenn am Anfang eines Bohrmarsches 65—70 l/min Spülung (bei einem Durchmesser der Bohrung von 91—110 mm und einem spezifischen Druck auf die Bohrkrone von 27—37 kg/cm²) aufgegeben werden.

Zusätzliche Untersuchungen größeren Umfanges, die im Jahre 1958 von geologischen Erkundungstrupps im Gebiet von Katscharsk und Aleschinsk durchgeführt wurden, bestätigen ebenfalls diese Werte. Deshalb können die dargelegten Schlußfolgerungen als vollständig zuverlässig angesehen werden. Beim Bohren mit erhöhter Spülflüssigkeitsmenge wurden keine ganzen Schrotkörner oder Bruchstücke im Schmandrohr vorgefunden.

Die grundlegenden technisch-ökonomischen Kennziffern der Resultate des Bohrens mit beschleunigter Spülung (65—70 l/min) und einem spezifischen Druck auf die Bohrkrone von 27—37 kg/cm² sind in Tab. 3 aufgeführt.

Wie aus Tab. 3 ersichtlich, können bei einem richtig gewählten technologischen Bohrregime die Produktivität eines Bohrmarsches bzw. einer Schicht und die technische Vortriebsgeschwindigkeit beim Bohren mit Gußeisenschrot nicht niedriger sein als bei Verwendung von Gußstahlschrot oder -stücken.

Die Ursachen der theoretischen Fehler in den Berechnungen zur Ermittlung der anzuwendenden Spülflüssigkeitsmenge (3 l/min je lfd. cm Kronendurchmesser) waren folgende:

1. Bei der Bestimmung der Geschwindigkeit des aufsteigenden Flüssigkeitsstromes nach der Formel von RITTINGER wurde der Durchmesser der Teilchen im Bohrschmand zu gering angenommen;

2. der freie Querschnitt zwischen der Bohrlochwandung und dem Kernrohr (Krone) wurde falsch bestimmt.

Die Verwendung einer erhöhten Spülflüssigkeitsmenge ist geeignet, die Störanfälligkeit zu verringern, weil sich die Schmandmenge auf der Bohrlochsohle verringert. Nach den Werten der Produktionsversuche betrug die Schmandmenge auf der Bohrlochsohle im Mittel 0,4 m.

Die Ergebnisse der Arbeit des Temirer Erkundungstrupps der Nordkasachstaner Geologischen Verwaltung beweisen die Verringerung der Störanfälligkeit der Bohrungen bei der Anwendung des neuen Spülungsregimes. In der Tab. 4 sind zum Vergleich die Verlustzeiten zur Beseitigung von Havarien bei verschiedenen Spülungsregimes angeführt.

Die hohen Verlustzeiten zur Störungsbeseitigung im März erklären sich durch eine Havarie an einem Bohraggregat, zu deren Beseitigung 35 Geräteschichten notwendig waren, während auf die Beseitigung von Störungen an den anderen sechs Geräten nur fünf Geräteschichten entfielen.

Aus der Tab. 4 ist ersichtlich, daß trotz erschwerter Vortriebsbedingungen (Weiterführen von früher verwahrten Bohrungen bis zur Endteufe) eine bedeutende

Tabelle 3

Bohrfähigkeitsklasse des Gesteins	Spezifischer Druck auf die Bohrkrone in kg/cm²	Normerfüllung in %: Vortrieb je Bohrmarsch	Normerfüllung in %: technische Bohrgeschwindigkeit
XI	35	182,0	200,0
X	35–37	184,0	253,0
X	27	176,0	182,5
VIII	27	153,0	269,4

Tabelle 4

Zeitraum	Bohrdauer insgesamt: in Geräteschichten	Bohrdauer insgesamt: in %	davon Störungsbeseitigung: in Geräteschichten	davon Störungsbeseitigung: in %
1951–1957	3700	100	276,1	7,4
Wintersaison 1957/58				
November	357	100	6	0,5
Dezember	450	100	11	2,4
Januar	546	100	19	2,3
Februar	576	100	21	3,6
März	663	100	40	6,1
Insgesamt	2595	100	97	3,8

Tabelle 5

Kronendurchmesser in mm	Spülflüssigkeitsaufgabe am Anfang eines Bohrmarsches in l/min	
	Schrotaufgabe je Bohrmarsch	Diskontinuierliche Schrotaufgabe
110	65—75	55
91	55—65	45

Verringerung der Störanfälligkeit bei beschleunigter Spülung zu beobachten war. Auf der Grundlage der durchgeführten Versuchsarbeiten und auch aus der Analyse analoger Arbeiten anderer geologischer Organisationen können folgende Schlußfolgerungen im Hinblick auf das Spülungsregime bei Bohrungen gezogen werden:

1. Die in den Instruktionen des Ministeriums für Geologie und Lagerstättenschutz der UdSSR empfohlenen Spülungsregimes beim Schrotbohren mit einer Menge von 3 l/min je lfd. cm Kronendurchmesser sind veraltet.

2. Auf der Grundlage von vorläufigen Werten, die im Ergebnis von Versuchsarbeiten der Nordkasachstaner Geologischen Verwaltung und einer Vielzahl von Untersuchungen des physikalisch-technischen Laboratoriums der Ostkasachstaner Geologischen Verwaltung erhalten wurden, kann folgendes Spülungsregime beim Schrotbohren vorgeschlagen werden (Tab. 5).

3. Die grundlegende Aufgabe besteht gegenwärtig in einer breiten Popularisierung und Einführung des neuen Spülungsregimes für Bohrungen, um damit die Arbeitsproduktivität für Bohrarbeiten zu erhöhen.

Zusammenfassung

Zahlreiche Versuche zur Ermittlung der günstigsten Spülungsmenge beim Bohren mit Gußschrot geben zum Erreichen von Maximalwerten der technischen Geschwindigkeit und des Bohrfortschrittes eine Aufgabe von 65—70 l/min Spülung (bei einem Durchmesser der Bohrung von 91—110 mm und einem spezifischen Druck auf die Bohrkrone von 27—37 kg/cm^2) am Anfang eines Bohrmarsches an. Bei Verwendung dieser erhöhten Spülflüssigkeitsmenge wird infolge Verringerung der Schmandmenge auf der Bohrlochsohle (sie betrug im Mittel 0,4 m) auch die Störanfälligkeit geringer.

Резюме

Из многочисленных опытов, проведенных для определения оптимального количества раствора для промывки при бурении чугунной дробью, видно, что для достижения максимальной техническзой скорости и проходки бурением необходима промывка в 65—70 литров/мин. (при диаметре буровой скважины в 91—110 мм и удельном давлении на буровую коронку в 27—38 кг/см^2) при начале проходки. При применении такого повышенного количества промывочного раствора вследствие уменьшения количества ила на забое (оно в среднем составляло 0,4 м), уменьшается также склонность к нарушениям.

Summary

Numerous attempts to determine the most advantageous amount of drilling mud in shot-drilling have shown that at the beginning of a round trip we require an amount of 65—70 l/min. drilling mud (at a hole diameter of 91—110 mm. and a specific pressure on the drill bit of 27—37 kg/cm^2) to obtain maximum values of technical velocity and penetration rate. Owing to a decrease of the amount of cuttings in the bottom hole (of 0.4 metres on the average), liability to disturbances is also reduced when using this increased amount of drilling mud.

15 Jahre polnisches Erdölinstitut

RUDOLF MEINHOLD, Freiberg

Während noch die Front des letzten Krieges zwischen Jasło und Krosno mitten durch Polen verlief, wurde durch Erlaß vom 29. 11. 1944 das polnische Petroleum-Institut in Krosno gegründet. Sein 15jähriges Jubiläum wurde im Zusammenhang mit der zweiten geochemischen Konferenz der Petroleum-Institute Polens, Ungarns und der ČSR am 30. 11. 1959 in Kraków festlich begangen. Neben den Gästen aus den genannten Ländern nahmen daran auch Delegationen aus der UdSSR, aus Frankreich und aus der DDR teil.

Die Feier fand im Erdölinstitut in Kraków statt und wurde vom Minister für Bergbau und Energie, Ing. JAN MITRĘGA, mit einer Würdigung der Leistungen des Institutes eröffnet. Den Rechenschaftsbericht gab der Leiter des Institutes, Prof. Ing. J. WOJNAR, der vom ersten Tage an das Institut bis zu seiner jetzigen wissenschaftlichen Höhe geführt hat.

Das Institut begann mit wenigen Mitarbeitern in einem kleinen, halbzerstörten Gebäude noch mitten im Kriege. Es war damit das erste industrielle wissenschaftliche Institut des neuen Polens, das bereits im Juni 1945 die technische Zeitschrift „Nafta" herausgab. Gleichzeitig wurde ihm eine Fachschule mit unentgeltlichem Unterricht und Unterhalt angegliedert. In den nächsten Jahren kamen neue Gebäude in Krosno und Trzebinia hinzu, und im Frühjahr 1951 bezog das Institut sein neues Gebäude in Kraków.

Das Institut untersteht heute direkt dem Minister für Bergbau und Energie, es hat sieben wissenschaftliche und technische Abteilungen (neben den Verwaltungsgruppen) mit 160 Planstellen, darunter 49 wissenschaftlichen Angestellten (1 außerordentlichen Professor, 5 Dozenten, 17 Wissenschaftlern und 26 Oberassistenten und Assistenten) und 21 Verwaltungsangestellten. Das jährliche Budget beträgt ca. 10 Millionen Zloty. Es gibt Abteilungen für Geologie, Geochemie, Geophysik, Chemie, Förderung, Bohrtechnik usw.

Zum Institut gehören auch die Laboratorien in Krosno. Die Forschungsstelle in Trzebinia wurde unterdessen der Industrie angegliedert. 348 wissenschaftliche Berichte zeugen von der Arbeit dieser Abteilungen. Die Thematik dieser Berichte umfaßt u. a. folgende Bereiche: Methoden der komplexen geochemischen Kartierung; Feststellung von Anomalien des freien Schwefels im Boden; Genese und Migration des Erdöls, untersucht mittels des Heliumgehaltes und der Spurenelemente im Erdgas und Erdöl; Entwicklung von Methananzeigern für verschiedene Zwecke; Entwicklung von Bohrlochsonden für Gamma- und Neutronen-Gamma-Messungen; Einführung von Meßverfahren mittels Isotopen in die Praxis; Aufbau eines mikrobiologischen Labors für Prospektion und für Fragen der Abwässerreinigung; Lösung vieler geologischer Probleme; Untersuchung bohrtechnischer Fragen, Meißelkonstruktionen, Zement- und Spülungsrezepte; Modernisierung der Förderung von Erdöl und Erdgas; Herabsetzung der Verluste der leichten Fraktion bei der Förderung; Untersuchung und Einführung sekundärer Fördermethoden; Entwicklung einer Produktionsmethode zur Gewinnung von Jod aus Lagerstättenwässern; zahlreiche Arbeiten auf dem Gebiet der Mechanik sowie der Verarbeitung von Öl und Gas.

Der wirtschaftliche Nutzeffekt der mit jedem Jahr neu hinzukommenden Arbeiten des Instituts errechnet sich allein schon zu 20 Mill. Zloty. Dazu kommen die Ergebnisse der Arbeiten der vorangegangenen Jahre, so daß das Institut ein Mehrfaches seiner Kosten wieder einbringt.

An Veröffentlichungen hat es das Institut auf die stattliche Zahl von 652 Druckbogen in der Zeitschrift „Nafta" gebracht, dazu kommen 460 Druckbogen an Büchern und anderen Veröffentlichungen. Es besitzt zwei Bibliotheken mit zusammen über 30000 Bänden. 100 ausländische Zeitschriften in 12 Sprachen liegen aus, fast alle in der Welt erscheinenden Erdöl-Zeitschriften sind vorhanden. Dem Institut ist eine mit modernen technischen Mitteln ausgestattete Dokumentationsabteilung angeschlossen.

In den nächsten Jahren soll das Institut durch neue Gebäude und Forschungsplätze erweitert werden. Neue Abteilungen, wie Konstruktionsbüro, Kaliberprüfstelle, Materialprüfungslabor für metallische und nichtmetallische Stoffe sollen entstehen.

Den Festvortrag hielt der Nestor der polnischen Geologen, Prof. Dr. TOŁWINSKI über das Thema: „Neue Richtungen in der Erdölgeologie". Er betonte darin die große Bedeutung der Sedimentationsbecken mit mächtigen Sedimentfüllungen, besonders derjenigen, die sich an Plattformen und Gebirge anlehnen. Ihre Ränder sind besonders höffig. Auch in Polen haben die Forschungen der letzten Jahre außerhalb des Beckens im Vorland der Karpaten ein tiefes Sedimentationsbecken erkennen lassen, das sich an die große osteuropäische Plattform anlehnt. Bedeutung für die Erdölerkundung kann auch der kujawisch-pommersche Wall erlangen, genauso wie der vorsudetische Wall, der das Becken im Westen begrenzt und im Zechstein Erdölanzeichen aufwies.

Verbunden mit der Jubiläumsfeier war eine Ausstellung von Arbeiten des Institutes, wie Gerätekonstruktionen, geologischen und geophysikalischen Karten, Berichten und Veröffentlichungen. Die Leistungen der Mitarbeiter des Institutes wurden vom Minister durch die Verleihung hoher Auszeichnungen anerkannt.

Die Erdölfachleute der Deutschen Demokratischen Republik wünschen den Freunden im polnischen Erdölinstitut noch viele Jahre erfolgreichen Schaffens und noch weitere Steigerung des beachtlichen wissenschaftlichen Niveaus ihres Institutes. Damit verbunden sei der Dank für die Gastfreundschaft, die wir als Gäste der Jubiläumsfeier und der wissenschaftlichen Konferenz genießen durften.

Bericht über die geomorphologischen Exkursionen auf der XXXII. Tagung der Polnischen Geologischen Gesellschaft

von 4. bis 7. 9. 1959 in Zakopane

LOTHAR EISSMANN, Leipzig

Von den vom 5. bis 7. September 1959 durchgeführten, nach Sachgebieten unterteilten 30 Exkursionen waren drei ausschließlich geomorphologischen und verwandten Problemen des polnischen Teils der Hohen Tatra und der Podhale gewidmet. Die Exkursionen standen unter Leitung von Herrn Prof. Dr. M. KLIMASZEWSKI, Krakau.

Die Schwerpunkte der Exkursionen bildeten das präquartäre Relief, sein Einfluß auf die Vereisungen sowie die Beziehungen zwischen Gebirgsbau und Relief. Im Mittelpunkt standen ferner das Studium glaziärer und periglaziärer Destruktions- und Akkumulationsformen sowie Fragen des zeitlichen Ablaufes und Ausmaßes der Vergletscherungen und damit zusammenhängender Probleme.

Die erste Exkursion führte in das Fischbach-Tal (Dolina Rybiego Potoku) und über die Świstówka in das Tal der Fünf Polnischen Teiche (D. Pięciu Stawow Polskich) sowie das Roztoka-Tal. Auf dieser Exkursion hatten die Teilnehmer die Möglichkeit, sich mit dem östlichen Teil der in der Abbildung skizzierten polnischen Hohen Tatra vertraut zu machen. Die Exkursion bot ausgiebig Gelegenheit, glaziäre und glazifluviatile Ablagerungen (Grund-, Seiten- und Stirnmoränen bzw. Terrassen), ihren Aufbau, ihre Altersbeziehungen und morphologischen Erscheinungsformen zu studieren. Der Wirkung der auch gegenwärtig im Hochgebirge noch aktiven periglaziären Prozesse auf das im wesentlichen glaziär geformte Relief galt dabei wiederholt das besondere Augenmerk der Teilnehmer. Sehr eindrucksvoll war die Besichtigung des Talschlusses im Fischbach-Tal mit seinem durch eine rund 20 m hohe Endmoräne gestauten, 34 ha großen und 50,8 m tiefen See, dem Meer-Auge (Morskie Oko), und zwei tief ins Gebirge einspringenden „Zirkustälern". Lehrreich erwies sich auch die Begehung des unteren Abschnittes des geräumigen, durch Kare, Moränen und Rundhöcker reich gegliederten Sammeltroges der Fünf Polnischen Teiche, der unterhalb eines Gefällsknickes von 150 m seine Fortsetzung in dem trogförmigen, tiefen Roztoka-Hängetal findet. Beide Talabschnitte sind pleistozän-geologisch und geomorphologisch gleichermaßen interessant.

Die zweite Exkursion führte mit der Begehung des Mala-Laka-, des Miętusi- und Kościelisko-Tales in den westlichen Teil des Gebirges. Hier hatte die Vergletscherung geringere Ausmaße angenommen als in den östlichen Tälern. Sämtliche Gletscher endeten mitten im Gebirge. Entsprechend weisen die Täler eine Zweiteilung auf, einen im wesentlichen durch fluviatile Kräfte und periglaziäre Vorgänge geprägten unteren und einen stark glaziär geformten oberen Abschnitt. Durch die schwächere Vergletscherung bietet das Relief im allgemeinen eine feinere Gliederung als weiter östlich. Recht gut läßt sich hier das in Fragmenten erhaltene tertiäre Relief des heutigen Hochgebirges studieren (Abb.). Prof. KLIMASZEWSKI ging auf seine Entwicklung ein und wies in diesem Zusammenhang auf die Beziehung zwischen präquartärem Relief und Ausmaß der Vergletscherung hin. Die an Hand der Relieffragmente noch rekonstruierbare und weit zu verfolgende tertiäre Verebnungsfläche entstand während des Neogens (Unterpliozän). Nach Hebungen im mittleren Pliozän wurde sie in der Folgezeit (Oberpliozän) stark zerschnitten. Bereits zu Beginn des Pleistozäns hatte die Erosion die Höhe der heutigen Talsohlen fast erreicht. Die späteren Vertiefungen (Warmzeiten) wurden durch wiederholte Aufschotterungen (Kaltzeiten) weitgehend kompensiert, so daß es seit dem Altpleistozän nur zu einer geringfügigen absoluten Talvertiefung gekommen ist.

Die dritte Exkursion machte die Teilnehmer zunächst mit den geologischen und geomorphologischen Verhältnissen des Podhale vertraut. Der bekannten „Moräne" von Szaflary (rund 15 km NNÖ von Zakopane) galt die erste Aufschlußbesichtigung. Die Moräne besteht aus einem stark sandigen, lehmigen Bindemittel, in dem gut gerundete bis kopfgroße Gerölle eingebettet sind. Die Deutung dieser Ablagerung ist heute noch umstritten. Während sie ROMER (1929) und neuerdings TOKARSKI (1948) für eine echte Tatramoräne halten, nämlich die Bildung einer vierten weit ins Vorland eingedrungenen günzglazialen Vergletscherung, nimmt HALICKI (1930), der nur drei Vereisungen anerkennt (Mindel-, Riß- und Würmvereisung), glazifluviatilen Ursprung an. Nach Frau Dr. HALICKA konnte diese Deutung nunmehr durch sedimentologische Untersuchungen gestützt werden. Es wurde festgestellt, daß das Bindemittel im

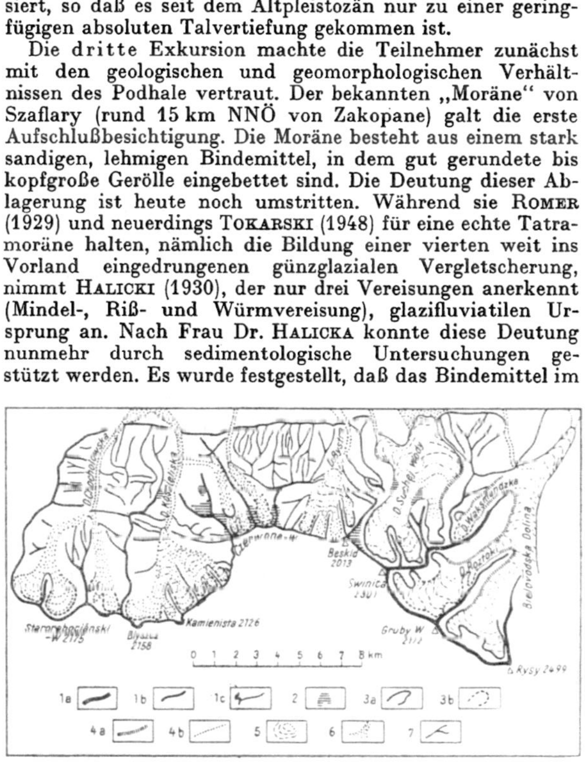

Schematische Karte der Morphologie der Polnischen Tatra (nach KLIMASZEWSKI 1958)

1 — Berggrate und Bergrücken: a) über 2000 m. b) 1700—2000 m, c) unter 1700 m; 2 — Fragmente unterpliozäner Landoberflächen; 3 — Durch die pleistozäne Firneisbildung: a) stark, b) schwach umgestaltete unterpliozäne Talböden; 4 — Durch das pleistozäne Gletschereis a) stark, b) schwach veränderte Talhänge; 5 — Maximale Ausdehnung der pleistozänen Gletscher; 6 — Fluvioglaziäre Talablagerungen; 7 — Oberpliozäne, durch periglaziale Prozesse veränderte Grate und Rücken

wesentlichen aus an Ort und Stelle verwitterten Geröllen besteht. Die am Aufschluß lebhaft geführte Diskussion über die Entstehung dieser Ablagerung führte zu keiner Übereinkunft.

Der zweite Teil der Exkursion führte wieder in die Hohe Tatra. Der Besichtigung der klassischen mindelglazialen Moräne auf dem Hurkotne schloß sich eine Begehung des unteren sog. Trockenwasser-Tales (D. Suchej Wody) an. Die Gletscher sind hier bis zum Fuß des Hochgebirges vorgedrungen und haben zur Bildung mächtiger Stirn- und Seitenmoränenwälle geführt. Sie werden in die Würmeiszeit gestellt. Zahlreiche, z. T. von Torfmoorbildungen überwucherte Hohlformen, wie sie den Teilnehmern aus einem Tal unterhalb der Swistówka und aus dem Kościelisko-Tal schon bekannt waren, wurden von Prof. KLIMASZEWSKI als Toteisbildungen gedeutet. Die glaziären Ablagerungen sind stellenweise durch flache, hängende Täler zerschnitten worden, die unter periglazialen Bedingungen schon während des Eisrückzuges entstanden sind.

Die Exkursion endete mit der Besichtigung der Terrassen bei Zakopane, wo JOSEPH PARTSCH (1923) an Hand einer Terrassenaufnahme- und -gliederung als erster eine dreimalige Vereisung der Hohen Tatra wahrscheinlich machte.

Das gut aufeinander abgestimmte Exkursionsprogramm vermittelte in sehr eindrucksvoller Weise ein abgerundetes Bild vom Stand der pleistozängeologischen und geomorphologischen Erforschung der polnischen Hohen Tatra und ihres Vorlandes. Den mit diesem höchsten Gebirgsstrang der Karpaten weniger Vertrauten überraschte immer wieder der reiche eiszeitliche Formenschatz dieses Gebirges, der für Studium und Forschung ein weites Betätigungsfeld bietet.

Es braucht wohl nicht besonders betont zu werden, daß die Exkursionen sowie die zahlreichen wertvollen Hinweise und Erläuterungen während der Begehungen auch dem im Flachland oder Mittelgebirge tätigen Geologen viele Anregungen gaben.

Die Erforschung der pleistozänen und holozänen Ablagerungen und Destruktionserscheinungen erfolgt hier in starkem Maße durch geomorphologische Methoden, die auch bei der Kartierung älterer Formationen eine wichtige Rolle spielen. Daneben finden, wie bei uns, in neuerer Zeit mehr und mehr sedimentologische Untersuchungsverfahren Anwendung. Es fiel besonders auf, daß man wie in der ČSR auch in Polen der Erforschung periglaziärer Prozesse und Formen große Aufmerksamkeit schenkt, was wohl am besten in der eigens dafür geschaffenen Schriftenreihe „Biuletyn Peryglacjalny" der Łodzer Wissenschaftlichen Gesellschaft zum Ausdruck kommt. Es wäre zu wünschen, daß gerade auf diesem Gebiet ein stärkerer Erfahrungsaustausch (Exkursionen, Kolloquien) mit den polnischen und tschechoslowakischen Wissenschaftlern zustande käme. Abschließend kann gesagt werden, daß die Hohe Tatra und ihr Vorland nicht nur den Stratigraphen der älteren Formationen, den Tektonikern und Petrographen, sondern auch den Pleistozängeologen und Geomorphologen ein reiches Studien- und Forschungsfeld bietet. Da uns das deutsche Hochgebirge vorläufig wenig zugänglich ist, bleibt zu hoffen, daß sich unsere Studenten und die jüngeren Geologen durch Austausch mit polnischen und tschechoslowakischen Gruppen mehr als bisher mit diesem Hochgebirge und seinen zahlreichen Problemen im Interesse einer allgemeinen Verbesserung der wissenschaftlichen Arbeit vertraut machen können.

5. Internationales Symposium der ungarischen Geophysiker

vom 8. bis 12. 9. 1959 in Budapest

WALTER MARTIN, Leipzig

Vom 8. bis 12. 9. 1959 führte die Gesellschaft Ungarischer Geophysiker in Budapest ihre alljährliche wissenschaftliche Fachtagung in internationalem Rahmen durch. Diese Veranstaltungen haben von Jahr zu Jahr an Bedeutung gewonnen und dokumentieren so die rasche Entwicklung der ungarischen Wissenschaft in der volksdemokratischen Ordnung. So hatte auch das 5. Internationale Symposium einen wesentlich größeren Umfang als die früheren Tagungen. Es wurden doppelt so viel Vorträge geboten wie im Vorjahr. Die Bedeutung dieser Tagung wurde durch die große Zahl ausländischer Teilnehmer unterstrichen. (Die deutschen Geophysiker waren mit vier Kollegen aus der Deutschen Demokratischen Republik vertreten, von denen drei zur Delegation der Staatlichen Geologischen Kommission gehörten.)

Von insgesamt 37 Vorträgen wurden 14 von ausländischen Teilnehmern gehalten. Daran war die sowjetische Delegation am stärksten beteiligt, auf sie entfielen fünf Vorträge. Danach folgten die DDR und Volkspolen mit je zwei Vorträgen und Bulgarien, ČSR, Rumänien, Jugoslawien und Finnland mit je einem Vortrag.

Die Vorträge bewegten sich in dem gesamten Bereich der Geophysik der festen Erde, also sowohl auf den Gebieten der reinen, wie auch denen der angewandten Geophysik. (Zahlenmäßig hielten sich die diesen Teilen gewidmeten Vorträge die Waage.) Darüber hinaus kamen in den Beiträgen auch erdgeschichtliche, großtektonische und Probleme des Erdinneren zur Sprache.

Von Interesse ist, daß sich von den Vorträgen über Probleme der angewandten Geophysik die meisten mit Themen aus der Praxis der Erkundungsarbeit und nur ein kleinerer Teil mit theoretischen Fragen befaßte. Einige Referenten gingen auf apparative Fragen ein. Die einzelnen geophysikalischen Methoden rangieren nach der Häufigkeit der Vortragsthemen folgendermaßen:

An erster Stelle stehen Gravimetrie und Seismik, es folgen Bohrlochmessungen, Tellurik, Geomagnetik und Geothermik.

Soweit sich die Vorträge auf bestimmte Gebietsteile bezogen, stand natürlich Ungarn im Vordergrund. Drei Vorträge befaßten sich mit sowjetischen Gebieten. Die beiden deutschen Referenten behandelten geologische Probleme innerhalb der Deutschen Demokratischen Republik. K. ROTHE, Leipzig, berichtete über den gegenwärtigen Stand der Bohrlochmessungen in der mitteldeutschen Braun- und Steinkohle, W. MARTIN, Leipzig, sprach über refraktionsseismische Übersichts- und Spezialmessungen in der DDR.

Besonderes Interesse fand D. PROSEN, Belgrad, der über die Arbeit des Geologisch-Geophysikalischen Instituts berichtete. In seinem Vortrag wurde — unseres Wissens erstmalig — ein instruktiver Überblick über die Entwicklung der geophysikalischen Erkundungsarbeiten in Jugoslawien geboten. Es wurden und werden hierin bedeutende Anstrengungen gemacht, wobei die Erdölprospektion vorrangig ist.

Das umfangreiche Vortragsprogramm stellte erhebliche Anforderungen an die Tagungsteilnehmer. Das Präsidium der Gesellschaft zog daraus die Konsequenz, für das nächste Jahr nach Methoden aufgeteilte Parallelsitzungen und nur eine Plenarsitzung vorzusehen.

Am letzten Tag führte eine Exkursion die Tagungsteilnehmer zum Geophysikalischen Observatorium in Tihany. Ein Festvortrag zu Ehren von LORAND EÖTVÖS und eine gemeinsame Tafel am Ufer des Plattensees bildeten den stilvollen Abschluß des Symposiums. In vielen Sprachen dankten die Delegationen den ungarischen Kollegen für ihre Fürsorge und ihr Bemühen, allen Gästen den Aufenthalt in Ungarn recht erfolgreich zu gestalten. Gleichzeitig wurde der völkerverbindende, friedliche Charakter dieser Tagung gefeiert.

Die folgenden Tage benutzten die meisten auswärtigen Gäste zu eingehenderem Erfahrungsaustausch untereinander und vor allem mit den ungarischen Kollegen unmittelbar in den Budapester Institutionen und Betrieben. Die deutschen Teilnehmer erfuhren dabei auch viel Wissenswertes von der Entwicklung der geophysikalischen Arbeiten in Polen und Jugoslawien. Der Umfang und die Methodik der seismischen Erkundung in Volkspolen läßt, vor allem im Hinblick auf die gemeinsame Grenze, eine intensivere Zusammenarbeit zweckmäßig erscheinen.

Zum Zwecke des Erfahrungsaustausches wurden auch Exkursionen zu geophysikalischen Meßtrupps durchgeführt. Die deutschen Teilnehmer lernten auf einer solchen Fahrt die Arbeit eines seismischen Trupps im Gebiet Szigetvar kennen.

Der wissenschaftliche Erfahrungsaustausch, der den deutschen Teilnehmern durch diese Reise ermöglicht wurde, erwies sich als sehr fruchtbar. Die Delegation der Staatlichen Geologischen Kommission der DDR betrachtete es als ihre Aufgabe, nicht nur als Nehmende aufzutreten. Die Delegationsmitglieder glauben, dieser Aufgabe gerecht geworden zu sein.

37. Jahrestagung der Deutschen Mineralogischen Gesellschaft

vom 8. bis 12. 9. 1959 in Wetzlar (Lahn)

HORST ULBRICH, Berlin

Die in den Leitz-Werken in Wetzlar durchgeführte 37. Jahrestagung der DMG vereinigte etwa 200 Teilnehmer — Mineralogen aus Westdeutschland und der DDR sowie aus Frankreich, der Schweiz, Österreich, Finnland, Polen, Japan und den USA — zu Exkursionen und Fachvorträgen.

Bereits vor der Eröffnung der Vortragsfolge wurde unter Leitung von Prof. Dr. MOSEBACH (Gießen) und Prof. Dr. HENTSCHEL (Wiesbaden) eine eintägige Exkursion zum Studium des paläozoischen Vulkanismus in der östlichen Dillmulde und des tertiären Vulkanismus im nordwestlichen Vogelsberggebiet durchgeführt. Hierbei wurden u. a. Aufschlüsse von Paläopikrit im Gebiet der Dillmulde (Steinbrüche bei Rachelshausen) und von Olivinbasalten bei Dreihausen und Niederofleiden am Nordrand des Vogelsberges aufgesucht. Die vorbildlich organisierte Exkursion vermittelte allen Teilnehmern nicht nur einen Überblick über die geologische Situation des Gebietes, sondern auch einen Einblick in die industrielle Nutzung der angetroffenen Gesteinsvarietäten.

Am 9. September 1959 wurde im Vortragssaal der Leitz-Werke die Tagung durch den Tagungsleiter Dr. Dr. FREUND eröffnet, der u. a. die Ehrenmitglieder der DMG Prof. Dr. BUERGER (Massachusetts, USA) u. Prof. Dr. P. ESKOLA (Helsinki) herzlich begrüßte.

Der 1. Vorsitzende der DMG, Prof. Dr. HEIDE (Jena), eröffnete die Vortragsfolge mit einem einstündigen Präsidialvortrag über den Stand der mineralogischen Forschung auf dem Gebiet der natürlichen Gläser (Tektite). Der Vortragende berichtete über Verbreitung, Formen, Oberflächenskulptur, physikalische und chemische Beschaffenheit der Tektite. In seiner Zusammenfassung ging HEIDE ausführlich auf die beiden Entstehungsmöglichkeiten (irdisch, außerirdisch) ein und teilte Ergebnisse über neue Isotopenuntersuchungen an Tektiten mit.

Aus den über 50 Fachvorträgen, über die an anderer Stelle berichtet werden soll, seien hier nur einige Themen angeführt:

REHWALD, G.: Schliffgüte, Beobachtungsmöglichkeiten und Bildwiedergabe in der Erzmikroskopie.

STRUNZ, H.: Beiträge zur Kristallchemie und Geochemie der Gallium- und Germaniumverbindungen.

PUCHELT, H.: Geochemische Untersuchungen am Meggener und Rammelsberger Schwerspat.

WINKLER, H. G. F.: Ultrametamorphe Bildung von granitischen und granodioritischen Schmelzen.

RADCZEWSKI, O. E. und VÖLPEL, E.: Über die Bedeutung primärmagmatischer Leitminerale bei der Untersuchung tertiärer Sande.

SCHWIETE, H. E. und LUDWIG: Über die Neubildungen beim Abbinden von Traß mit kalkhaltigen Bindemitteln.

BRAITSCH, O.: Die Borate und Phosphate im Zechsteinsalz Südhannovers.

Auf der Mitgliederversammlung, die am 11. September 1959 in Wetzlar abgehalten wurde, wurde beschlossen, die 38. Jahrestagung 1960 in Bonn durchzuführen. Nach der Mitgliederversammlung fanden Befahrungen von Roteisenerzgruben des Lahn-Dill-Gebietes statt (Grube Königszug bei Oberscheld, Grube Königsberg bei Wetzlar, Grube Lindenberg bei Münster). Verfasser nahm an der Befahrung der Eisenerzgrube Königszug bei Oberscheld (Dillkreis) teil. Die Führung durch das Grubengebäude hatte Dr. J. H. LIPPERT (Wiesbaden) übernommen. Die Grube Königszug (auf dem Nordflügel der Eibacher Mulde) baut auf einem Roteisenstein-Grenzlager an der Grenze von obermitteldevonischem Schalstein zu oberdevonischen Tuffen, Schiefern, Sand- und Kalksteinen. Das Baufeld wird durch drei Schächte erschlossen und hat eine streichende Länge von 2,5 km. Im Streichen ist das Lager durch Bohrungen noch rund 1,5 km nach NO und SW bekannt. Die bergmännischen Baue reichen bis 500 m unter Gelände. Durch Bohrungen ist das intensiv verfaltete und im Streichen mehrfach verschuppte Erzlager bis zu einer Teufe von 900 m nachgewiesen. Die Mächtigkeiten (wenige cm bis zu 8 m) und Gehalte schwanken stark. Bei der Befahrung wurde im Zentralfeld auf der 450-m-Sohle ein Aufschluß angetroffen, in welchem das etwa 2,5 m mächtige Roteisenerz durch die thermische Kontaktwirkung von Intrusivdiabasen zu Magneteisenstein umgewandelt ist.

Weitere Veranstaltungen waren die Besichtigungen der Leitz-Werke, der Deutschen Philips GmbH sowie des Zementwerkes Buderus in Wetzlar. Die Abende waren ausgefüllt mit einem Empfang durch die Stadt Wetzlar im Euler-Haus, einem Empfang der Leitz-Werke im Rittersaal der Burg Gleiberg und einem Treffen auf der Burgruine Greifenstein. Die Teilnehmer nahmen Gelegenheit, die berühmten Goethestätten (Werther-Haus, Lotte-Haus, u. a.) sowie „das in Stein geschriebene Kapitel deutscher Kirchenbaukunst" — den Wetzlarer Dom — zu besichtigen.

Die Tagung wurde mit einer Exkursion in die Lahnmulde beendet. Die Führung hatten wieder Prof. Dr. HENTSCHEL und Prof. Dr. MOSEBACH übernommen. Die Teilnehmer konnten an 15 Aufschlüssen den geosynklinalen Magmatismus des Mittel- und Oberdevons sowie des Kulms studieren und die einzelnen Gesteinsvarietäten (Schalstein, Diabas, spilitischer Mandelstein, Keratophyr u. a.) durchklopfen. Als Beispiel für die petrogenetische Vorstufe der Schalsteine wurde am Beselicher Kopf bei Ober- und Niedertiefenbach ein geschichteter, tertiärer, sehr reiner, palagonitischer Aschen- und Lapilli-Basalttuff aufgesucht.

Die 37. Jahrestagung brachte allen Teilnehmern eine wertvolle fachliche Bereicherung.

Lesesteine

Standort Heluan

Beim gegenwärtigen Stand der Industrialisierung hängt die Auswahl des Standortes für den Bau von großen Werken, die mineralische Rohstoffe verarbeiten, vorwiegend von dem Niveau der geologischen Erkundung, also der Höhe auswertbarer Vorräte bekannter Lagerstätten und von den Rohstoff-Transportkosten ab. Berücksichtigt man diese beiden Faktoren nicht, dann muß man mit Rückschlägen und Fehlinvestitionen rechnen.

So klagen die „Vereinigte Wirtschaftsdienste — Montan" vom 30. 11. 1959, daß „die Anlaufschwierigkeiten des seit Sommer 1958 in Betrieb befindlichen Stahlwerkes Heluan (in der VAR) erheblicher sind, als zu erwarten war".

Über die Ursachen dieser Schwierigkeiten wird mitgeteilt: Die Erzlagerstätten, die die Rohstoffbasis des Stahlwerkes (Kapazität 265000 jato) bilden, liegen von seinem Standort Heluan ca. 1000 km entfernt, bei Assuan. Der Hüttenkoks für die Hochöfen aber muß aus dem Ruhrgebiet bezogen werden. Nach den bisherigen langfristigen Lieferverträgen sollen jährlich 320000 t Hüttenkoks aus dem Ruhrgebiet zu dem doppelten Preis, den die Ruhrhütten bezahlen, zum Stahlwerk Heluan transportiert werden. Das Erz, dessen Fe-Gehalt zu 47% berechnet wurde, wird per Eisenbahn von Assuan nach Heluan transportiert. In den Waggons wird es durch die Erschütterungen so stark zerrieben, daß es zum größten Teil zu Grus und Staub zerfällt. 2000 t Assuanerze sollen täglich in Heluan verhüttet werden, verursachen aber durch eine nicht einkalkulierte Staubplage im gesamten Verkehr auf der Eisenbahnlinie empfindliche Unannehmlichkeiten.

Um die Koksimporte zu sparen, wird nun mit sowjetischer Hilfe eine Kokerei und, um das zerfallene Erz verhütten zu können, eine Sinteranlage gebaut. Den Bau einer für den Antransport benötigten Nilbrücke hat die Volksrepublik Ungarn übernommen. Die mit sowjetischer Hilfe durchgeführte Rekonstruktion wird die Kapazität des ersten arabischen Stahlwerkes auf 1,2 Mill. jato Stahl erhöhen.

Das ursprüngliche Heluanprojekt war von dem westdeutschen Krupp-Demag-Konzern ausgearbeitet worden. Selbstlose sowjetische Hilfe wird nun dafür sorgen, daß das Stahlwerk

Heluan trotz seines ungünstigen Standortes rentabler als bisher arbeiten wird.

Der neue Assuan-Staudamm wird bekanntlich gleichfalls durch die Sowjetunion errichtet. Er wird billigen Strom liefern. Die Nähe der Erzlagerstätten und die Möglichkeit, Elektrohochöfen mit billiger Energie zu errichten, dürfte für die Perspektive die Aussicht eröffnen, in der Nähe des Assuan-Staudammes ein Eisen- und Stahlzentrum mit normaler Erz- und Energiebasis zu errichten.

Ziehen wir für die Standortfestlegung und Investitionsanforderungen neuer, mineralische Rohstoffe verarbeitender Industriegiganten die Schlußfolgerung aus dem Beispiel Heluan:

Bei der Projektierung neuer Großanlagen müssen alle geologischen Kenntnisse und Dokumentationen, die Erzvorräte, Rohstoffqualitäten und Energiebasis betreffen, voll und komplex vor der Standortfestlegung ausgewertet werden.

Wissenschaft und Krise

Auf dem Eisenhüttentag Düsseldorf 1959 hielt der Vorsitzende des Vereins Deutscher Eisenhüttenleute, Prof. Dr. H. Schenk, ein sehr beachtliches und lesenswertes Schlußwort, das das Montan-Archiv 92 vom 17. 11. 1959 auszugsweise veröffentlichte.

Einige der von dem Vortragenden geäußerten Gedanken seines „Die Deutsche Eisen- und Stahlindustrie im internationalen Wettbewerb" betitelten Vortrages fordern aber eine Diskussion heraus.

Nach dem Vortragenden lösen die die kapitalistische Wirtschaft wellenartig befallenden Konjunkturschwankungen beim Niedergang einen „Zustand nervöser Überlegungen gegenüber unfaßbaren Kräften" aus. Die Gesetze, die die Konjunkturschwankungen und Wirtschaftskrisen der kapitalistischen Wirtschaft hervorrufen, sind allgemein bekannt und seit mehr als 100 Jahren in zahlreichen in deutscher Sprache herausgegebenen Veröffentlichungen analysiert. Es mutet daher sonderbar an, wenn man von dem Wirken „unfaßbarer Kräfte" bei ganz normalen Erscheinungen spricht, über die man sich jederzeit durch einfaches Lesen in der deutschen ökonomischen Literatur das nötige Wissen beschaffen kann. Auch Prof. Schenk weiß recht gut, woher die fortschrittlichen Wirtschaftsimpulse kommen:

„So haben manche roten Zahlen den Blick für die Wettbewerbsbedingungen geschärft und uns nahegebracht, daß die politischen Stürme dieses Jahrhunderts auch die Stellung der alten klassischen Industrieländer in der ganzen Welt grundlegend geändert haben. Der Komplex Rußland—China ist in seiner industriellen Aktivität ein unübersehbares Merkmal der neuen Zeit, und ein weiteres Merkmal dieser Wandlung ist das Selbstbewußtsein vieler Völker, die sich jezt vor die Alternative Kolonialvolk oder Industrievolk gestellt sehen."

Prof. Schenk sieht „Ölüberschwemmungen", die „wirtschaftliche Stauungen" herbeiführen werden, voraus. Deshalb empfiehlt er, sich vor dem Aufschließen neuer Erdöl- und Erdgasfelder in acht zu nehmen und die so ersparten Gelder für die Erschließung von Erzlagerstätten zu verwenden.

Auch der Hochofenprozeß steht vor grundlegenden Änderungen. „In der letzten Zeit hat man beim Hochofen überdies durch Verwendung von Sauerstoff zusammen mit Öl, Gas oder anderen Brennstoffen eine merkliche Leistungssteigerung erzielen können, die Russen sind uns auf diesem Weg mit ihrem Erdgas vorangegangen."

Sollte es bei dieser Lage nicht angebracht sein, sich neben der sowjetischen metallurgischen Literatur auch mit den Publikationen über den sowjetischen Wirtschaftsaufbau zu befassen und die Gesetzmäßigkeiten zu studieren, die für den schnelleren Fortschritt in der Sowjetunion und den langsameren in den kapitalistischen Ländern verantwortlich sind?

Im weiteren Verlauf seines Vortrages beklagt Prof. Schenk, daß es mit der Einigkeit unter den westlichen Partnern nicht weit her sei:

„Kein Wunder also, daß der Ostblock große Sicherheit aus der Tatsache gewinnt, daß er immer wieder Gelegenheit hat, mangelnde Koordinationsbereitschaft im Westen festzustellen.

Die Notwendigkeit der Zusammenarbeit liegt auf allen Ebenen vor, und jeder Anschein eines Verzichtes oder auch nur einer Abschwächung — wie er z. B. aus den kritischen Stimmen zur Montanunion herausgehört werden könnte — höhlt das Vertrauen aus, das in unserem Land noch in die Vernunft, den Weitblick und den guten Willen der Partner gesetzt wird."

Beim gegenwärtigen Stand der wissenschaftlichen und technischen Entwicklung sind Vernunft, Weitblick und guter Wille am sichersten dort zu finden, wo die ökonomischen Verhältnisse der Vergangenheit, Gegenwart und Zukunft am klarsten analysiert und die Folgerungen aus dieser Analyse für die Praxis gezogen werden. Da sich nun nach Prof. Schenk kein westeuropäisches Land allein die Lösung der Probleme, die „aus dem plötzlichen Wandel der Energiedarbietung entstehen", zutraut, so liegt die Zukunft bei der „Koordinierung der Energiepolitik und der allgemeinen Wirtschaftspolitik der Länder". Entmutigend ist nach Prof. Schenk, „daß es den Parlamenten und Regierungen anscheinend unmöglich ist, die Forschung mit gleichem Tempo zu beschleunigen, wie wir es aus den USA, aus England und natürlich aus Rußland kennen". Es fehlt an den benötigten finanziellen Mitteln. Und weil dies so ist, erhebt Prof. Schenk den Ruf nach einer „freien und unabhängigen Persönlichkeit, die das große Gesamtgebiet von Wissenschaft, Forschung und Technik überschauen und fördern soll". Das würde aber eine andere als die kapitalistische Wirtschaftsordnung erfordern; denn in ihr kann sich nur der Kapitalist, aber nicht der Wissenschaftler „frei" entfalten. Die Generalübersicht über das Gesamtgebiet von Wissenschaft, Forschung und Technik kann nicht die „freie Persönlichkeit", sondern nur der Kopf eines fachlich hochstehenden, gut funktionierenden Kollektivs erreichen. Das lehrt uns auf allen technischen und wirtschaftlichen Gebieten die Praxis sozialistischer Wettbewerbe Tag für Tag. Das gleiche gilt für den internationalen Wettbewerb. Wenn man ihn, mit wissenschaftlichen und ökonomischen Kenntnissen ausgerüstet, betrachtet, dann benötigt man weder „unfaßbare Kräfte" noch eine „freie Persönlichkeit", um die gesellschaftlichen Zusammenhänge zu erkennen, die den Fortschritt von Wissenschaft und Industrie auf der einen Seite fördern und auf der anderen Seite hemmen. Deshalb treten die Fachleute der sozialistischen Länder mit voller Überzeugung für einen fairen internationalen Wettbewerb ein, für den die Koexistenz verschiedenartiger Wirtschaftssysteme die beste Arena abgibt.

Lange

Konzernoptimismus und Geologenkleinmut

Prof. Wurster, Vorstandsvorsitzender der Badischen Anilin- und Sodafabrik (BASF), hielt vor Freunden der Technischen Hochschule in Stuttgart einen bemerkenswerten Vortrag, über den die „Deutsche Zeitung und Wirtschaftszeitung" vom 7. 12. 1959 berichtet. Danach verherrlichten die Ausführungen Wursters die zukünftige Entwicklung der Petrochemie in Westdeutschland und ließen einen „Lagerstättenoptimismus" erkennen, „dem eigentlich keine Grenzen gesetzt sind. Nicht anders steht es mit der Zunahme des Verbrauchs von Erdgas und der ständigen Erhöhung der Erdgasreserven." Das zeige, „daß der Kleinmut der Geologen, wie er noch vor 30 Jahren herrschte, von der Entwicklung widerlegt wurde". Der Lagerstättenoptimismus bei den Führern des Chemiekonzerns rührt daher, daß man im Werk Ludwigshafen jetzt Erdgas verwendet, das nur wenige km entfernt von der Verarbeitungsstelle in Frankental gefördert wird. Das ermöglicht „Kohlenstoff als Grundlage der organischen Chemie um $^1/_4$ bis $^1/_5$ billiger zu gewinnen als auf dem Wege über die Steinkohle. Da es sich in dem petrochemischen Zweig der Chemie stets um Massenproduktion für Massenverbrauch handelt, ist leicht einzusehen, welche Folgen sich daraus für eine Preissenkung aller petrochemischen Produkte, wie Kunststoffe, Waschmittel und Pharmazeutika, ergeben können."

Ehe wir zur Frage Optimismus und Kleinmut Stellung nehmen, sei noch der Schluß des zitierten Berichtes wiedergegeben:

„Für das bereits angebrochene Zeitalter zwischen der Kohle- und Petrochemie konnte Professor Wurster eine Anzahl von Beispielen zitieren. Azethylen wird jetzt nach einem Verfahren der BASF aus Erdgas erzeugt. Phenol benötigt nicht mehr den Steinkohlenteer als ausschließlichen Rohstoff. Benzol, Naphthalin, die ganzen aromatischen Kohlenstoffe, vermag man synthetisch herzustellen. Methanol sattelt von Holz beziehungsweise Kohle auf Erdgas um. Das gleiche gilt für Schwefelkohlenstoff, für Blausäure, für Glysanthen und für Buna sowie eine große Anzahl anderer von der Kohle ihren Ausgang nehmende Produkte.

Die Folgen sind schwerwiegend. Daß eine Verminderung der Beschäftigten in verschiedenen Chemiebereichen nicht ausgeschlossen ist, ergibt sich aus der Tatsache, daß die großen petrochemischen Werke nahezu voll mechanisiert sind. Der gleiche Umstand bedingt allerdings auch außerordentlich hohe Investitionsleistungen. Auf 50 Millionen Ausgaben für ein petrochemisches Werk kommen mindestens zehn Millionen für ‚Physik', das heißt mit anderen Worten, für Meß- und Regelinstrumente."

Prof. WURSTERs Lagerstättenoptimismus basiert, soweit er wissenschaftlich fundiert ist, auf Erfolgen der angewandten Geologie, vor allem auf den Arbeitsergebnissen der Geophysiker, Geologen und Bohrtechniker, die erdöl- und erdgashöffige Strukturen und Fallen suchen, erkunden und fündige Sonden zur Produktion bringen.

Vor 30 Jahren sollte — mit Hilfe des damaligen Rates der Götter im IG Farbenkonzern — das petrochemische „Geschäft" lediglich von der Standard Oil und anderen Konzernen der USA betrieben werden. Damit dies möglich war, wurde von den damaligen wirtschaftlichen Machthabern des imperialistischen Lagers die pseudowissenschaftliche These verbreitet und unterstützt, daß sich große Erdölvorkommen nur auf vereinzelte, im Ausbeutungsbereich der Konzerne liegende Felder beschränkten und daß alle sonstigen höffigen Sedimentärbecken erdölfrei seien. Diesem vom Finanzkapital diktierten Druck mußte die unter kapitalistischer Herrschaft stehende und offiziell anerkannte geologische Wissenschaft folgen.

In Westdeutschland wurde das alte Vorurteil, daß das Erdgas ein mehr oder weniger lästiges Abfallprodukt der Erdölgewinnung sei, bis ins vergangene Jahrzehnt künstlich aufrechterhalten. Die von Geologen, Geophysikern und Bohrarbeitern aufgefundenen und aufgeschlossenen Erdgasvorkommen wurden nicht ausgewertet, vielmehr ihre Produktion im Interesse des Vertriebes von Kokereigas durch die Ruhrgas AG gedrosselt. Der Bevölkerung wurde bis kurz vor Beendigung des vergangenen Jahres kein Methan als Heizgas zugeführt, das Monopol seines Verbrauches war lediglich ein Konzernvorrecht.

Nicht der Kleinmut der Geologen, sondern die Kurzsichtigkeit der Konzerngewaltigen, die die Auswertung wissenschaftlicher Erkenntnisse von ihren momentanen Gewinnchancen abhängig machen, hält häufig den Fortschritt auf und ist in bezug auf die Erdgasausnutzung von der wissenschaftlich-technischen Entwicklung widerlegt worden. Und gerade die Erfolge der angewandten Erdölgeologie im weitesten Sinne dieses Begriffs haben diesen Prozeß zum Wohle der gesamten Menschheit maßgeblich gefördert.

LANGE

Besprechungen und Referate

Geologische Karte aus dem Norden der Deutschen Demokratischen Republik

Großblatt 10, Maßstab 1:100000

Die drei Bezirke des Raumes Mecklenburg gehörten zu den geologisch unerforschtesten Gebieten Europas. Wenn auch zur kapitalistischen Zeit in den damals zu Preußen zählenden Ländern die geologische Kartierung zum überwiegenden Teile betrieben wurde, so schloß sich hiervon das selbständige ehemalige Land Mecklenburg nicht nur praktisch aus, sondern es war der früheren Mecklenburgischen Geologischen Landesanstalt durch die damalige Landesregierung untersagt worden, geologische Kartierungen durchzuführen oder zu veröffentlichen. Es wurden keinerlei Mittel für diese volkswirtschaftlich und auch wissenschaftlich so wichtigen Aufgaben bereitgestellt. Wenn bis zum Jahre 1945 aus den nördlichen drei Bezirken des jetzigen Mecklenburgs dennoch 76 Meßtischblätter ganz oder teilweise kartiert vorlagen, so betreffen diese Blätter nur die Räume, die seinerzeit zu Preußen gehörten. Die aufgenommene Fläche betrug rund 6900 km^2.

Nach der Überführung des kapitalistischen Eigentums in Volkseigentum nahm sich unser Arbeiter-und-Bauern-Staat dieses wissenschaftlich unerkundeten nördlichen Gebietes besonders an. Die Staatliche Geologische Kommission mit ihrem Geologischen Dienst Schwerin ließ ab 1953 in Mecklenburg die geologische Kartierung besonders intensiv betreiben, so daß bis jetzt weitere 82 Meßtischblätter aufgenommen werden konnten. Dadurch ist mehr als die Hälfte des mecklenburgischen Raumes geologisch an der Oberfläche und auch im näheren Untergrund eingehender erkundet worden.

Als sichtbares erstes Ergebnis steht das Großblatt Nr. 10 (umfassend den Raum Stralsund — Bergen auf Rügen — Barth) zur Veröffentlichung bereit. Der Maßstab dieser Karte ist 1:100000. Wer alte geologische Übersichtskarten von Mecklenburg, die allerdings erheblich kleinere Maßstäbe haben, zum Vergleich heranzieht, wird auf den ersten Blick feststellen, daß das jetzt ausgedruckt vorliegende Großblatt 10 in seinen geologischen Darstellungen und in seinem Inhalt mit mehr als 100 Varianten erheblich viel Neues bringt. Die Bodenarten sind in ihrer Ausdehnung und Entstehungsweise trotzdem gut lesbar gehalten.

Derartige geologische Übersichtskarten bilden nicht nur für den Planer und Wissenschaftler, sondern ganz besonders für Schulen, für den Bauingenieur, Wasserwirtschaftler, Küstenfachmann, Land- und Forstwirt und insbesondere für die Wirtschaftsräte der Bezirke und die zahlreichen Dienststellen in allen Kreisen und Gemeinden eine wichtige Orientierungs- und Arbeitsgrundlage. Das Großblatt 10 wie auch sonstige geologische Karten und Veröffentlichungen aus dem Bereich der DDR können bei der Staatlichen Geologischen Kommission, Berlin N 4, Invalidenstraße 44, bezogen werden.

SCHUSTER, K.

Geophysikalische Erkundung im Sudan

Freiberger Forschungshefte C 70, 55 S., 24 Abb., 13 Anlagen. Akademie-Verlag, Berlin 1959, brosch. 4,— DM

Bereits der Titel der Arbeit zeigt, daß nicht nur ein spezielles geophysikalisches Problem behandelt wird, sondern daß darüber hinaus die mit Erkundungsarbeiten in tropischen Gebieten verbundenen Schwierigkeiten und gesammelten Erfahrungen mitgeteilt werden. Es wird über den Einsatz eines kleinen refraktionsseismischen Meßtrupps berichtet, der zur Unterstützung hydrologischer Arbeiten im Hochland von Kordofan eingesetzt war. Einer Einführung in die wasserwirtschaftlichen Probleme der Republik Sudan und die geologischen Vorarbeiten folgt im allgemeinen Teil eine chronologische Beschreibung des Truppeinsatzes, die mit der Auftragserteilung beginnt und über die Auswahl der Meßgeräte, deren Reparatur unter erschwerten klimatischen Bedingungen und Ersatzteilprobleme, die seismischen Gelände- und Auswertungsarbeiten zu den hydrologischen Schlußfolgerungen führt. Im speziellen Teil werden die besonderen Bedingungen seismischer Arbeiten in extrem trockenen Steppengebieten behandelt. Außerdem wird die Auswertung kurzer refraktionsseismischer Profile mit fünf Schichten beschrieben und ein Auswerteverfahren zur punktweisen Konstruktion einer Schichtgrenze vorgelegt.

Die Arbeit sei jedem empfohlen, der unter speziellen klimatischen und organisatorisch-technischen Bedingungen Erkundungsarbeiten durchführen soll. Vom Leser wird sehr viel Urteilskraft gefordert, da manche Probleme nur als Fakten beschrieben werden, ihre Auswirkung auf die Trupparbeit jedoch zwischen den Zeilen zu entnehmen ist. H. RISCHE

Seismische Forschungsarbeiten im Ostteil des Grubenfeldes „König Ludwig"

Forschungsberichte des Wirtschafts- und Verkehrsministeriums Nordrhein-Westfalen, Nr. 534. Westdeutscher Verlag, Köln und Opladen 1958

In dem vorliegenden Bericht werden reflexionsseismische Arbeiten beschrieben, die 1958 in dem betr. Grubenfeld durchgeführt wurden. Die geologische Aufgabenstellung bestand darin, Gebiete mit flacher und steiler Lagerung gegeneinander abzugrenzen und den Verlauf von Sprüngen zu ermitteln.

Die Untersuchungen wurden mit der Erprobung neu entwickelter seismischer Geräte verbunden. Zur Klärung der optimalen Filter- und Regelcharakteristik der seismischen Feldstation wurde eine Magnetbandapparatur eingesetzt. Aus den Voruntersuchungen resultierte eine Zunahme der Amplituden der Karbonreflexionen in Richtung niederfrequenter Einstellung und der Anzahl der Reflexionseinsätze in Richtung der hochfrequenten Einstellung der Apparatur. Da möglichst zahlreiche Reflexionsflächen im Karbon ermittelt werden sollten, wurden die Feldmessungen mit einer hochfrequenten Filtereinstellung durchgeführt. Dadurch ergab sich ein Verlust an Amplitudenmerkmalen der Reflexionscharakteristik, der die Zuordnung der Reflexionen zu geologischen Horizonten und deren Identifizierung von Film zu Film erschwerte.

Um hier Abhilfe zu schaffen, wurde ein logarithmisches Amplitudenschreibgerät entwickelt, das eine zusätzliche Kurve in das Normalseismogramm hineinzeichnet, aus der die Amplitudenmerkmale der Reflexionen zu erkennen sind. Nach dem Eintreffen der ersten Einsätze springt die Kurve in ein Maximum und klingt dann logarithmisch ab. Diesem Abklingen sind bei Reflexionseinsätzen einzelne Spitzen aufgesetzt, aus denen mit Hilfe einer Eichkurve auf die Größe der Reflexionsamplituden geschlossen werden kann. An einigen gezeigten Beispielen war außerdem die Feststellung möglich, daß eine bestimmte Reflexion im Seismogramm in drei dicht aufeinanderfolgende Reflexe unterteilt werden kann. Für die seismische Ermittlung von Verwerfungen können solche Kenntnisse der Amplitudencharakteristik sehr bedeutungsvoll sein.

Die Arbeit enthält außerdem eine ausführliche Beschreibung der durchgeführten Geschwindigkeitsmessungen und der dabei auftretenden Auswerteprobleme. Es wurden Messungen an Bohrkernen und Laufzeitmessungen im anstehenden Gebirge durchgeführt, wobei die Laufzeiten von Sprengpunkten an der Erdoberfläche zu unter Tage aufgestellten Geophonen gemessen wurden.

Eine Besprechung der Meßergebnisse vervollständigt den Bericht, dem als Anhang eine Beschreibung der benutzten seismischen Apparaturen beigefügt ist.

R. Zeuch

Dlabač, M. & M. Štaud

Die Entstehung und Zusammensetzung der Erdöle im tschechoslowakischen Teil des inneralpinen Wiener Beckens

„Geologické Práce", Bratislava 1959, Nr. 16, S. 11–34

Erdölvorkommen im tschechoslowakischen Teil des Wiener Beckens wurden nach der n-d-M-Methode untersucht und in Paraffin-, Paraffin-Naphten- und Naphten-Öle eingeteilt. Unter der Voraussetzung, daß bestimmte Rohöltypen auch bestimmten einheitlichen Bildungsräumen zuzuordnen sind, wurden nun die in den einzelnen Speichern gefundenen Öle analysiert und einander zugeordnet. Danach war es möglich, Bildungsräume und Migrationswege festzulegen. Die Ergebnisse zeigen, daß wegen der Mischung verschiedener Typen in einigen Zonen Brüche und Diskordanzen an der Migration beteiligt sind. Drei Gruppen von Ölen wurden als selbständige Einheiten erkannt:

1. Öl aus Sarmat und Torton,
2. aus Helvet und Burdigal,
3. aus dem Flysch. Im Gebiet von Hodonín fanden sich in Linsen an der Tortonbasis Öle vom oberburdigalischen Typ, bei Lužice fand sich Flyschöl in burdigalischen Linsen, während andere benachbarte Linsen autochthones Öl enthalten. Durch Brüche verbundene Speicher zeigten den gleichen Typ, teilweise wurde Flyschöl bis ins Sarmat beobachtet (Vasenovice). Die Untersuchung der Erdöldichten konnte in einigen mächtigeren Lagerstätten eine gravitative Selektion nachweisen. Die Dichte der Öle aus linsenförmigen Speichern erwies sich unterschiedlich, trotz stratigraphisch gleicher Stellung. Für eine genauere Gliederung und Parallelisierung wurden die Grundtypen in 11 Gruppen geteilt, die in Dreiecksdiagrammen dargestellt werden.

Meinhold

Strzetelski, J. & J. Gumułka

Zur Frage der Erdölvorkommen in Pommern im Lichte hydrogeochemischer Untersuchungen

Zusammenfassung der Referate der II. Wissenschaftlichen Konferenz Kraków 1959, S. 18

Der zwischen Koszalin und Gdansk gelegene Teil Pommerns gehört zu den nördlichen Gebieten Polens, deren geologischer, mit dem nordwestlichen Abhang der osteuropäischen Plattform verbundener Aufbau am wenigsten erforscht worden ist. Er bietet günstige Aussichten für Erdöl- und Erdgasvorkommen.

Um Direktiven für spätere Forschungsarbeiten festzulegen, wurden in diesem Gebiet 1957/1958 regionale hydrogeochemische Untersuchungen durchgeführt. Es wurde dabei eine anormale Verteilung der hydrogeochemischen Indexe beobachtet, zu deren Aufklärung gravimetrische und magnetische Messungen herangezogen wurden. Auf Grund der durchgeführten Analyse und der komplexen Interpretation wurden deutliche Zusammenhänge und Abhängigkeiten zwischen den geophysikalischen und hydrogeochemischen Anomalien festgestellt. Die durch die Messungen erhaltenen indirekten strukturellen Angaben wurden mit den Indexen der hydrogeochemischen Komplexe korrigiert und auf Grund der erhaltenen Ergebnisse die Wahrscheinlichkeit des Auftretens von Erdölvorkommen beurteilt.

E.

Michel, P., P. Claracq, E. Lauriol, J.-P. Verrien, G. Couraud & G. Aufrere

Les Problèmes Pétroliers Paléozoiques de la Bordure Nord du Hoggar

V. Welterdölkongreß, New York 1959, Section I — Paper 40

Die wenigen bis 1952 bekannten geologischen Tatsachen über die Gebiete nördlich des Hoggar-Gebirges ließen es als wahrscheinlich erscheinen, daß sie erdölhöffig seien. Seitdem wurde diese Annahme durch geologische Luftaufnahmen, geophysikalische Messungen und Oberflächenkartierungen bestätigt. 1954 wurde das Gasfeld Berga, 1956 das erste Erdölfeld bei Edjeleh entdeckt. Es werden ein östliches Erdölbecken bei Ft. Polignac (Abb. 1) und die westlichen Becken von Azzel Matti, Ahnet und Mouydir mit den Gasstrukturen Berga, Bahar el Hammar, En Bazzène, In Salah, Djaret (Abb. 2) und andere unterschieden.

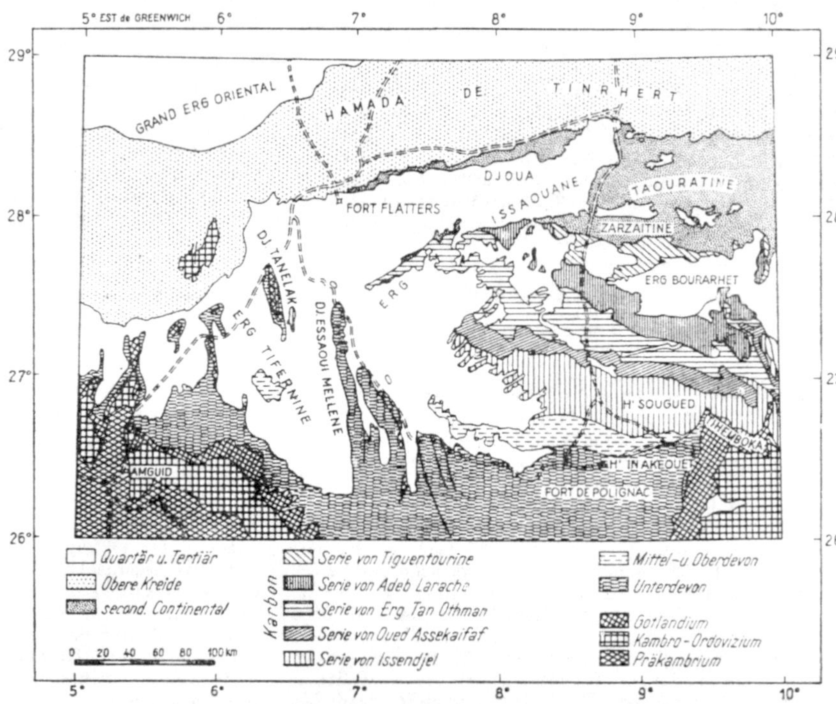

Abb. 1. Becken von Ft. Polignac (östliches Algerien) 1959

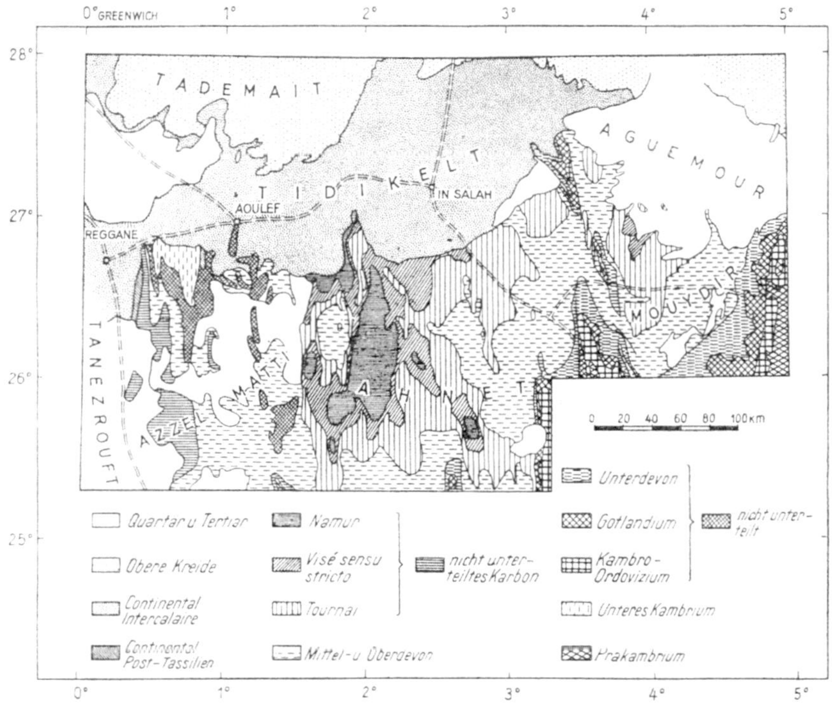

Abb. 2. Erdöl/Erdgasbecken in der Umgebung von In Salah (westliches Algerien) 1959

Doll, H. G., M. Martin & M. P. Tixier.

Review of the Progress of Well Logging since the 4th World Petroleum Congress

V. Welterdölkongreß, New York 1959, Section II — Paper 20

Bei den Bohrloch-Meßmethoden sind in den vergangenen 4 Jahren wesentliche Fortschritte erzielt worden. So ist das „Induction Log", das man ursprünglich nur für Bohrungen mit Spülungen auf Ölbasis entwickelt hatte, auch zur Untersuchung von Bohrlöchern mit Spülungen auf Wassergrundlage als Standardverfahren eingesetzt worden. Die Sonde (Typ 5 FF 40) besteht aus einem System von 5 Spulen, wobei der Abstand zwischen den Hauptspulen 40″ beträgt. Sie induziert einen axialsymmetrisch zum Bohrloch verlaufenden Ringstrom im Gebirge. Unter der Bezeichnung „Induction-Electrical Log" versteht man eine Kombination des „Induction Log" mit einer 16″-Widerstands-Normalen und einer Eigenpotentialmessung.

Die Vorteile dieses Verfahrens bestehen u. a. in der Möglichkeit zur ziemlich sicheren Unterscheidung zwischen öl- und wasserführenden Gesteinen sowie zur exakteren Ermittlung der Sättigung. Dies gelingt deshalb, weil die kombinierte Sonde gleichzeitig verschiedene Wirkungstiefen besitzt. Um die Wirkung der Spülung auf das Meßergebnis zu verringern, ist eine Kombination des „Induction Log" mit dem „Laterolog" oft noch günstiger.

Als weiteres neues Meßverfahren wurde das „Proximity Log" in die Praxis eingeführt. Hier wird durch ein besonderes Federsystem der Kontakt mit der Bohrlochwand hergestellt, so daß die direkte Messung des Gesteinswiderstandes unter Berücksichtigung des abgesetzten Filterkuchens möglich ist.

Für die Interpretation der Ergebnisse des „Induction Log" in ölführenden Schichten ist die Existenz einer Zone niedriger Widerstände („annulus" oder „low-zone") im Bereich zwischen der infiltrierten und nichtinfiltrierten Zone wichtig, die von einer Wasseransammlung an der Infiltrationsfront herrührt. Durch mathematische Untersuchungen und ergänzende Laborversuche hat man Auswertungstabellen zur Bestimmung des Durchmessers der Infiltrationszone geschaffen.

Auch zur Auswertung der Eigenpotentialmessung sind Laborversuche vorgenommen worden. Sie berücksichtigen die Schichtmächtigkeit, die Tiefe der Infiltration und die Widerstände der Spülung und des Gesteins. Ebenso ist die chemische Zusammensetzung der Spülung entscheidend für die Ausbildung der Eigenpotentialkurve. Über die Ursachen der Eigenpotentialbildung herrscht aber noch keine einheitliche Vorstellung. Manche Autoren halten die Elektrofiltration für den entscheidenden Anteil, während andere der elektrochemischen Komponente die größere Bedeutung beimessen.

Die Zuverlässigkeit der Neutronenmessung ist jetzt durch Einführung genauerer Eichmessungen erhöht worden. Als Standardverfahren gewinnt die 2-Punkt-Eichung durch Verwendung von 2 Kalibratoren an Bedeutung. Die Einflüsse der verschiedenen Bedingungen im Bohrloch (Spülung, Verrohrung, Zement usw.) hat man in Laborversuchen an Gesteinsblöcken untersucht und in Form von Auswertetabellen veröffentlicht. Gegenwärtig arbeitet in den USA eine Kommission an der Standardisierung aller Gamma- und Neutronenmessungen, besonders im Zusammenhang mit der Eichung und der Schaffung einheitlicher Skalen.

Die Dichte-Meßsonde enthält eine Gammastrahlquelle und einen Szintillationszähler, die in einem Schirm aus einem schweren Metall eingeschlossen sind. Durch Kollimatoren, die mit einem Federsystem an die Bohrlochwand gedrückt werden, können die ausgesandten und vom Gestein durch den Compton-Effekt gestreuten Strahlen aus- und eintreten. Dabei wächst die Zählrate exponentiell mit abnehmender Dichte an.

Eine weitere Aussagekraft erhält die radioaktive Bohrlochmessung durch eine Analyse des vom Gestein ausgestrahlten Spektrums, wobei es sich um natürliche oder angeregte Strahlen handeln kann. Hierdurch sind weitere Aussagen über die Zusammensetzung des Gesteins möglich.

Die größte Bedeutung gewinnt die Schallgeschwindigkeitsmessung im Bohrloch für die Bestimmung der Gesteinsporosität. Hierzu benutzt man neuerdings Sonden, die neben dem Schallgeber 3 Empfänger besitzen („Sonic Logging"). Das Verfahren gestattet auch, Gesteine, wie z. B. Salz und Anhydrit, voneinander zu unterscheiden, was mit anderen Meßmethoden nicht möglich ist. Die Resultate zeigen eine recht befriedigende Übereinstimmung mit den Ergebnissen von Neutronenmessungen. Gasführende Schichten machen sich durch extrem lange Laufzeiten bemerkbar (cycle skipping), weil dann nur der direkt durch die Spülung laufende akustische Impuls empfangen wird.

Weitere Vorteile ergeben sich auch durch Kombination des „Sonic Log" mit Gamma- oder Eigenpotential-Messungen.

Für die genaue Untersuchung der Bohrlochspülung auf ihren Gehalt an Kohlenwasserstoffen verwenden neuerdings verschiedene Gesellschaften Massen-Spektrometer, Infrarot-Spektrometer und Gas-Chromatographen. Der Infrarot Spektograph erlaubt eine selektive kontinuierliche Registrierung verschiedener Kohlenwasserstoffe, je nachdem, welches auf ein bestimmtes Gas abgestimmte Meßsystem benutzt wird. Die Meßergebnisse sind aber noch von verschiedenen anderen Umständen, wie dem Pumpendruck, der Permeabilität des Gesteins, der Spülungsviskosität usw., abhängig.

Der für weitere petrochemische Analysen benutzte „Formations-Tester" ist eine Vorrichtung, die 4,5—24,75 l Porenflüssigkeit je nach Größe des Probengefäßes aus der Bohrlochwand entnehmen kann. Sie zeichnet auch nacheinander kontinuierlich den Druck der Probe, des Gebirges und der Spülung auf. Bei den neuesten Ausführungen wird für die Probenentnahme die Bohrlochwand mit einem Perforator aufgeschlossen.

Für die Auswertung der verschiedenen Bohrlochmessungen will man neuerdings spezielle elektronische Rechenmaschinen einsetzen, die mit den Werten der inzwischen aufgestellten Interpretationstabellen im Endziel eine nahezu vollständig automatische Bearbeitung des gewonnenen Materials ermöglichen sollen.

G. Nosske

HEINITZ, K.

Das Problem der Bündelung von Geophonen

Freiberger Forschungshefte, C 66, 46 S., 35 Abb., Akademie-Verlag, Berlin 1959

Die zur Zeit aus der Literatur bekannten Arbeiten über das Bündeln von Geophonen werden in diesem Heft zusammengefaßt. Neben einer Betrachtung der nützlichen Signale und der Störwellenarten werden die Theorien über die Bündelung wiedergegeben. Ausführlich wird die Richtwirkung von Geophongruppen mit unterschiedlicher Empfindlichkeit der Einzelgeophone beschrieben und anschaulich erläutert, während die statistische Wirkung nur allgemein betrachtet wird. Für Untertagemessungen werden die entsprechenden theoretischen Betrachtungen vorgelegt, doch erscheint die ausführliche Wiedergabe der Arbeit von CELMINS zu breit gefaßt, da in dieser Zusammenfassung keine neuen Gesichtspunkte verarbeitet werden. Abschließend wird kurz auf Gruppenschüsse hingewiesen, und die Seismogrammverbesserungen durch Geophonbündelung werden mittels Literaturbeispiele teilweise sehr anschaulich demonstriert.

Die Bearbeitung der sowjetischen Literatur wird besonders begrüßt, da hiermit erstmalig eine Zusammenfassung der östlichen und westlichen Ergebnisse gegeben und eine Lücke in der seismischen Literaturdokumentation geschlossen wird.

H. RISCHE

SYDOW, W.

Die Ausbildung des Ronnenberg-Lagers unter besonderer Berücksichtigung des petrographischen Aufbaues und seiner sekundären Veränderung

„Kali und Steinsalz", Bd. 2 (1959), H. 12, S. 406–418

Die Arbeit von SYDOW gibt einen Überblick über die geologischen, petrographischen und z. T. geochemischen Verhältnisse des Ronnenberg-Lagers in Westdeutschland. Dabei wurden in besonderem Maße die faziellen Verhältnisse im Zusammenhang mit dem Staßfurt-Lager betrachtet. Aus etwa 800 Messungen ergab sich eine ungefähre Durchschnittsmächtigkeit des Flözes von 2,5 bis 3 m, die sich in der Beckenmitte um 1 bis 2 m erhöht. Die K_2O-Gehalte liegen im Durchschnitt bei 12 bis 14%, Einzelwerte liegen jedoch auch unter 10% und über 20%.

Kieserit ist mit etwa 2 bis 3%, Anhydrit mit 1 bis 2% beteiligt. Lokal nimmt der Kieserit auf Kosten des Sylvins erheblich zu. Ferner wurden Polyhalit, etwas Ton, geringfügig Quarz und außerdem Carnallit nachgewiesen. Der Carnallit bildet lokal ein Halit-Carnallit-Flöz (Carnallitit). Er bildet dann das Liegende des Lagers, besitzt Lagentextur (im Gegensatz zu den dortigen Staßfurt-Carnallitgesteinen) und wird von Sylvinit diskordant überlagert. Wo der Sylvinit durch Kieseritzunahme vertaubt, ist Carnallit nicht ausgebildet.

Das Flöz ist durch mehrere Steinsalzbänke — ähnlich den Unstrutbänken — gegliedert (sog. Innerste Bänke). Leitende

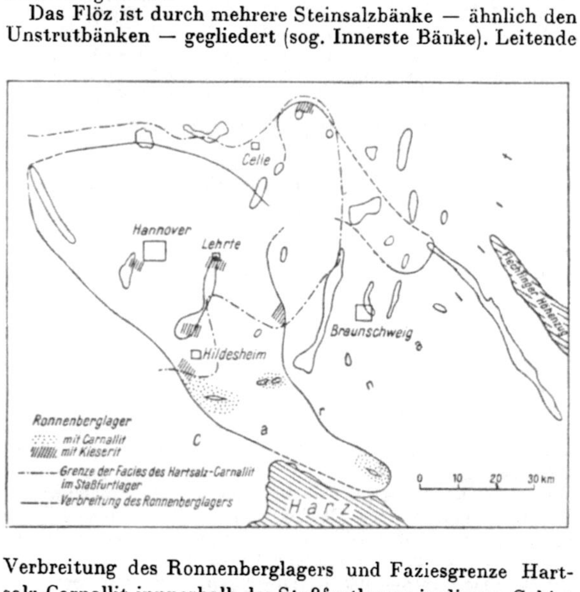

Verbreitung des Ronnenberglagers und Faziesgrenze Hartsalz-Carnallit innnerhalb des Staßfurtlagers in diesem Gebiet

Bedeutung erlangt aber nur eine Bank von 18 bis 24 cm Mächtigkeit.

Sehr interessant sind die genetischen Schlußfolgerungen. Da einerseits carnallitische Fazies des Ronnenberg-Lagers an carnallitische Fazies des Staßfurt-Lagers gebunden ist und das gleiche für die Ronnenberg- und Staßfurt-Sylvinite bzw. Hartsalze zutrifft, sind zwischen beiden Flözen Beziehungen anzunehmen. Verfasser nimmt eine sekundäre Bildung des Ronnenberg-Carnallits durch $MgCl_2$-Lauge aus dem Staßfurt-Lager an, und zwar nach Beginn der „orogenen Salzaufpressung", da die Aufstiegszonen an jetzige Sattelzonen des Staßfurt-Lagers gebunden sind und das carnallitische Ronnenberg-Lager geringe tektonische Beanspruchung aufweist.

Auch die Kieseritisierung wird mit metasomatischen Vorgängen in Verbindung gebracht, zumal Kieserit auch in anderen Horizonten zwischen Flöz Staßfurt und Flöz Ronnenberg nachzuweisen ist.

Diese Beziehungen veranlassen den Verfasser aber nicht, auszusagen, „daß die jeweilige Fazies ihrerseits schon primär in gleicher Form vorhanden gewesen sein muß". Die fazielle Verteilung Hartsalz—Carnallitgestein im Staßfurt-Lager soll wegen fehlender Abhängigkeit von der jüngeren Tektonik vor dem Salzaufstieg erfolgt sein.

Die Arbeit ist sehr beachtenswert, da sich u. U. Schlüsse für die Kalisalzerkundung im nördlichen Teil der Deutschen Demokratischen Republik ableiten lassen.

LÖFFLER

KUKUK, P.

Geologie, Mineralogie und Lagerstättenlehre

Springer-Verlag, Berlin-Göttingen-Heidelberg 1960, 3. erweiterte Auflage, 345 S., 433 Abb.

Der Verfasser hat mit der 3. Auflage seines bekannten Werkes das gesteckte Ziel, „dem aus der Praxis des Bergbaues kommenden lernenden jungen Bergmann ein auf wissenschaftlicher Grundlage aufgebautes, neuzeitliches und leicht faßliches Buch an die Hand zu geben, das ihm eine Einführung in die häufig verwickelten geologischen Verhältnisse und Gesetzmäßigkeiten der Gesteinsablagerungen vermittelt", voll erreicht. Genau wie in den früheren Auflagen wird die schriftliche Darstellung durch reiche Bebilderung und oft tabellarische Behandlung alles Wissenswerten unterstützt. Die für den Bergmann besonders wichtigen Kohle-, Erz-, Salz-, Erdöl- und Erdgaslagerstätten und die Vorkommen von Steinen und Erden des deutschen Raumes sind besonders eingehend behandelt worden.

Zum Schluß wird ein umfangreiches, gut ausgewähltes Literaturverzeichnis gegeben.

So entstand ein für den Praktiker in jeder Hinsicht wertvolles Hand- und Nachschlagewerk. Deshalb sei das Buch unseren Bohringenieuren, Markscheidern, Geologietechnikern, Kollektoren und allen sonstigen, die sich beruflich mit geologischen Fragen zu befassen haben, empfohlen.

E.

KLJUSCHNIKOW, M. N.

Stratigraphie und Fauna der alttertiären Ablagerungen der Ukraine

Isdateswo Akad. N. Ukrain. SSR; Akad. N. Ukrain. SSR, Trudy Inst. d. Geol. Wiss., Ser. Stratigraphie u. Paläontologie, Folge 13, 453 Seiten Text u. 47 Taf. mit Fossilphotographien, Kiew 1958 (russisch)

In diesem Standardwerk der modernen Molluskenkunde wird auf über 400 S. und 47 Taf. eine ausführliche taxionomische Bearbeitung von 375 Arten von Muscheln und Schnecken gebracht, die aus zahlreichen alttertiären (obereozänen und oligozänen), neueren und klassischen Fundpunkten der Ukraine stammen, zum größten Teil Neuaufsammlungen des Autors, z. T. auch erhalten gebliebene Bestände früherer Autoren (z. B. SOKOLOW). Die große Zahl der für die Neubearbeitung herangezogenen Fossilien gestattet nunmehr — bei Berücksichtigung der Tatsache, daß die Arbeiten auch unter paralleler Auswertung der Groß- und Kleinforaminiferenfaunen vorgenommen worden sind —, das marine ukrainische Alttertiär stratigraphisch viel genauer und umfassender zu gliedern, als es bisher möglich und (oder wenigstens in Mitteleuropa) bekannt war. So ist es auch nicht verwunderlich, daß eine ganze Reihe von Umdeutungen alter Vorkommen vorgenommen worden sind, z. B. die Sedimente aus der Umgebung von Dnepropetrowsk.

Im einzelnen ist die lithographische Ausbildung der Ablagerungen und ihre stratigraphische Gliederung in einer Tabelle dargestellt, die das Gebiet vom ukrainischen kristallinen Block bis zur Krim umfaßt. Das Obereozän der Ukraine wird in die Phosphorit-Schichten, die Dnepr-Schichten und die Bug-Schichten unterteilt, die alle drei der Kiew-Stufe angehören. Das Oligozän gliedert sich in ein Unteroligozän (= Charkow-Stufe), vertreten durch die sog. Ingulez-Schichten, ein Mitteloligozän von vorwiegend sandig-glaukonitischem Charakter und in ein Oberoligozän (= Poltawa-Stufe).

Auf 5 Tabellen werden die Faunen der obereozänen Kiew-Stufe zusammengestellt, jeweils im Vergleich mit entsprechend älteren und jüngeren, ost-, mittel- und westeuropäischen Molluskenfaunen, wobei unsere klassischen Latdorf-Schichten, sowie auch z. T. das Tongrien Belgiens, getrennt vom sonstigen Oligozän aufgeführt sind.

Im einzelnen stammen die Faunen der Kiew-Stufe aus der Umgebung von Woronowka (34 Arten), aus der Dnepr-Donez-Senke (20 Arten), aus der Umgebung von Petrowka und Karnauowka (56 Arten) und aus den detritischen Sedimenten der Umgebung von Dnepropetrowsk [früher Jekaterinoslaw, Mandrikowka] (335 Arten). Letztgenannter Fundort mit seiner Fauna ist auch als klassische Lokalität für uns besonders von Belang, weil er immer einer der wichtigsten Vergleichsorte zur Latdorf-Fauna gewesen ist. Die altersmäßige Zusammensetzung hat nach KLJUSCHNIKOW nunmehr folgendes Aussehen:

	Anzahl der Arten			
	Muscheln	Schnecken	zusammen	%
Gesamtzahl der Mollusken . . .	108	227	335	100
Unter ihnen:				
a) lokale	38	59	97	28,9
b) im westeuropäischen Paläogen bekannt	70	168	238	71,1
Außerdem:				
a) aus dem Obereozän der UdSSR bekannte . . .	49	29	78	23,2
b) aus dem Mitteleozän der UdSSR bekannte	16	8	24	13,0
Von westeuropäischen Arten der Lokalität Dnepropetrowsk kommen vor:				
a) in den Sanden derLatdorfstufe	49	124	173	72,7
b) ausschließlich in Latdorf	25	84	109	45,8
Westeuropäische Arten (ohne Latdorf)	45	84	129	54,2
Ihr Vorkommen:				
a) auch Mitteleozän .	20	43	63	48,4
b) typisch Mitteleozän . .	3	8	11	8,5
c) auch Obereozän	31	64	95	73,6
d) typisch Obereozän	5	19	24	17,9
e) auch Oligozän	17	19	36	27,9
f) bisher nur im Oligozän bekannt	7	10	17	13,1

So folgert der Autor u. a.:

„Die sehr große Ähnlichkeit, wenn nicht völlige Identität der Fauna aus den Sanden der Umgebung von Dnepropetrowsk mit den Ablagerungen der Latdorf-Schichten gibt Veranlassung, die Richtigkeit der Folgerungen BEYRICHS und VON KOENENS über das oligozäne Alter der Latdorf-Schichten und die Notwendigkeit der Ausscheidung dieser Stufe im stratigraphischen Schema der westeuropäischen Paläogengliederung überhaupt anzuzweifeln. Mit gutem Recht sollte man den Latdorf-Sand in seiner Eigenschaft als Seichtwasserfazies zum Obereozän stellen[1])" . . . (S. 13).

Das Interessante ist, daß die Dnepr-Schichten, in denen die Fauna aus der Umgebung von Dnepropetrowsk vorkommt, noch nicht einmal das höchste Eozän darstellen, sondern darüber folgen noch die Bug-Schichten, deren 57 Arten umfassende Mega-Fauna — ebenfalls tabellarisch zusammengestellt und verglichen — auch noch zum Eozän gerechnet werden muß, obgleich sie jünger als die Dnepropetrowsker Fauna ist. Erst dann folgt die erste oligozäne Fauna der Charkow-Stufe, die wiederum durch tabellarische Vergleiche erläutert ist (2 Horizonte mit 41 bzw. 48 Arten).

Die Tafeln müßten in Anbetracht der Bedeutung der Arbeit drucktechnisch wesentlich besser sein; so wird jedoch manche Einzelheit, die taxionomisch wichtig ist, nicht genau erkannt werden können. Was man sich noch gewünscht hätte, wäre ein vollständigeres Zitieren besonders wichtiger Synonyme. Leider ist auch den Nomenklatur-Vorschriften nicht immer voll Rechnung getragen (z. B. in bezug auf die Klammerregel); aber das sind nur kleine Schönheitsfehler, die der Bedeutung der Arbeit insgesamt keinen Abbruch tun. Man kann nur hoffen, daß das Buch eine baldige große Verbreitung auch in Westeuropa finden möge, in einer Zeit, in der fast nur noch Klein- und Kleinstarbeiten auf diesem Sektor erscheinen. KRUTZSCH & LOTSCH

[1]) Man vgl. die von den Ref. parallel dazu gezogenen Schlußfolgerungen in der Latdorf-Arbeit der „GEOLOGIE" 1957; ferner Ber. d. Geol. Ges. i. d. DDR Bd. 3, H. 2/3, 1958

PRESCHER, H.

Geologie des Elbsandsteingebirges

Verlag Theodor Steinkopff, Dresden 1959, 187 S., 71 Abb., 12 Tab., 16 Taf.; DM 15,80

Der Verf. hat den gegenwärtigen Wissensstand der Geologie des Elbsandsteingebirges dargestellt und durch zahlreiche Abbildungen untermauert. Das in mehr populärwissenschaftlichem Stil geschriebene Buch wird aber auch jedem Geologen, der sich mit dem Elbsandsteingebirge näher zu befassen hat, als vorzügliche Einführung dienen können.

In den wichtigsten Kapiteln wird behandelt:
das Grundgebirge (Lausitz, Elbtalzone, Osterzgebirge, tektonische Ereignisse), die Jurazeit, das Kreidemeer (Fossilien, Gliederung der Kreideformation), Schollenbewegungen, Vulkane, Eiszeitalter.

Ein ausführliches Literaturverzeichnis unterstreicht den Wert des Buches. E.

LENK, G. & H. BÖRNER

Technisches Fachwörterbuch der Grundstoffindustrien

Band I: Englisch-Deutsch, Band II: Deutsch-Englisch
2. neubearbeitete Auflage, 638 und 604 Seiten
Verlag Vandenhoeck & Ruprecht, Göttingen 1958 (1954)

Was der 1949 erschienenen ersten Ausgabe an Vollständigkeit noch fehlte, haben die beiden Herausgeber in der vorliegenden, bedeutend umfangreicheren Neuausgabe durch erhebliche Ergänzungen nachgeholt. Das Verzeichnis der Fachausdrücke wurde auf den neuesten Stand gebracht. Das Lexikon erstreckt sich außer auf die unmittelbar zu Bergbau, Hüttenwesen, Metallkunde und -verarbeitung gehörenden Gebiete auch recht gründlich auf Geologie und Mineralogie und teilweise auch auf Elektrotechnik und allgemeine Technik, Mathematik, Physik usw. Durch Fettdruck der jeweils ersten Sprache, auf das Fach hinweisende Symbole und in Kursivschrift beigefügte erläuternde Stichworte ergibt sich ein übersichtliches Druckbild und eine schnelle Orientierung. Im zweiten Band fehlen die mit dem Englischen bis auf das dort angehängte „e" gleichlautenden Wörter, was in Zweifelsfällen ein Nachschlagen in beiden Bänden nötig macht. Die Notwendigkeit der Neuauflage bezeugt, daß ein hinreichender Bedarf nach einem Fachwörterbuch von quantitativer und qualitativer Zuverlässigkeit, wie es hier vorliegt, vorhanden war. HAVEMANN

OBERSTE-BRINK u. a.

Steinkohlenflugasche, Einfluß auf Boden, Pflanzen und Milchkühe

Schriftenreihe des Vereins für Wasser-, Boden- und Lufthygiene, Berlin-Dahlem, Nr. 11. Gustav Fischer Verlag, Stuttgart 1956, 224 S., 18 DM

Die Frage, welche Schäden durch die erheblichen Flugaschemengen veranlaßt werden können, die ständig auf die Vegetationsflächen in der näheren Umgebung industrieller Feuerungsanlagen niedergehen, ist bisher nicht eindeutig oder auch widerspruchsvoll beantwortet worden. Sie wird in vorliegender Schrift am Modellfall einer modernen Industrielandschaft, dem Ruhrgebiet, behandelt.

Die verschiedenen Autoren kommen auf Grund langjähriger Untersuchungen zu dem Ergebnis, daß ein Flugascheniederschlag von 1 g/m^2 täglich, wie er im Windschatten eines großen Kraftwerks gemessen wurde und für Industriegebiete als ortsüblich gilt, keine Schäden im Boden oder an der Pflanze selbst, auch nicht mittelbar durch deren Verfütterung, verursacht. Dieser Schluß ist eindeutig und wird durch zahlreiche Steigerungsversuche mit einem Vielfachen des normalen Aschebefalls belegt.

Die bei den Versuchen verwendeten Flugaschen entstammen den Kesselhäusern von Zechenkraftwerken, die, wie im Ruhrgebiet allgemein, aschereiche Kohlen der jüngeren Ablagerungen des Karbons verarbeiten. Nach ihrer chemischen Zusammensetzung enthalten sie die gleichen Elemente, wie sie im Kulturboden vertreten sind, und unterliegen hier demselben Verwitterungsangriff wie ein basisches Gestein, als das sie entsprechend ihrem durchschnittlichen SiO_2-Gehalt von rund 40% aufzufassen sind. Die Versuche ergaben weiterhin, daß der im Mittel mit 3—4% vertretene Ätzkalk nur dann zu einer vorübergehenden pflanzenschädlichen Überalkalität des Bodens führte, wenn eine die normalen Verhältnisse weit übersteigende Flugaschegabe verwendet wurde. Erst wenn diese auf das Zwanzigfache gesteigert wurde, traten bei den Versuchspflanzen Wachstumsunterschiede und Ertragsminderungen auf. Mechanische Verletzungen oder Ätzschäden an den Pflanzen durch die unmittelbare Staubeinwirkung wurden in keinem Fall beobachtet. Die dreijährigen Fütterungsversuche an Milchkühen ergaben, daß die zugefütterten Aschen selbst in Mengen, die an der Grenze der Aufnahmefähigkeit liegen (täglich 1,8 kg), keinen schädigenden Einfluß auf die Milchkühe ausübten. Im weiteren kann sogar angenommen werden, daß sie den Mineralstoffhaushalt der Tiere günstig beeinflußten. Die mit einem umfangreichen Zahlenmaterial ausgestattete Monographie wird insbesondere dem Gutachter bei der oft schwierigen Beurteilung von Industrieschäden eine wertvolle Hilfe sein. Dabei müßte er aber beachten, daß die bei der Verfeuerung von Braunkohle anfallenden Flugstäube wegen ihrer weit höheren Gehalte an CaO und SO_3 zu anderen Wirkungen auf Boden und Organismen führen, als die hier behandelten Steinkohlenflugaschen.

SIEBENHAAR

Neuerscheinungen und Literaturhinweise

ENGELS, B.
Die kleintektonische Arbeitsweise unter besonderer Berücksichtigung ihrer Anwendung im deutschen Paläozoikum
Geotektonische Forschungen, H. 13, 129 S., 146 Abb., 6 Taf., E. Schweizerbart, Stuttgart 1959

SACHNAZAROW, A. A.
Die Verrohrung der Bohrlochsohle
Gostoptechisdat, Moskau 1959, 83 S.

UGOLEW, W. S. & W. I. MUSINOW
Thermische Erdölgewinnungsmethoden
Gostoptechisdat, Moskau 1959, 106 S.

BANATOV, W. P. & A. I. KROCHMALEW
Die Trennung und Isolierung der Erdölschichten von fremden Wässern
Gostoptechisdat, Moskau 1959, 73 S.

WASSOJEWITSCH, N. B. & N. W. STRIGALEWA
Über die Gruppenzusammensetzung einiger Erdöle des Nordost-Kaukasus und einen neuen Erdöltyp
Doklady Akademii nauk SSSR, Bd. 101, 1954, S. 131—133

KROTOWA, W. A.
Hydrogeologische Kriterien der Erdölhaltigkeit
Gostoptechisdat, Moskau 1960, 288 S.

Autorenkollektiv
Tektonik der erdölführenden Gebiete
Band 2: Regionale Tektonik erdölführender Gebiete der UdSSR
Gostoptechisdat, Moskau 1958, 614 S.

Autorenkollektiv
Salzhaltige Braunkohle
Band I, Schriftenreihe des Verlages Technik, Band 42, 168 S.
Band II, Schriftenreihe des Verlages Technik, Band 63, 48 S.
VEB Verlag Technik, Berlin 1959

SWINEFORD, A.
Clays and Clay Minerals
Proc. 6. National Conference on Clays and Clay Minerals at Berkeley, Calif., Aug. 1957
Pergamon Press, New York 1959

Nachrichten und Informationen

Wettbewerb UdSSR/USA

Einer Rede von N. S. CHRUSCHTSCHOW, die vor dem Obersten Sowjet am 14. 1. 1960 gehalten wurde, entnahmen wir die folgende statistische Zusammenstellung (1959 prozentual zu 1953):

	UdSSR	USA
Gesamte Industrieproduktion	Zunahme um 90%	Zunahme um 11%
Pro Kopf der Bevölkerung	Zunahme um 71%	Zunahme um 0,3%
Roheisen	Zunahme um 57%	Rückgang um 16%
Stahl	Zunahme um 57%	Rückgang um 16%
Kohle	Zunahme um 58%	Rückgang um 12%
Erdöl	Zunahme um 145%	Zunahme um 9%
Elektroenergie	Zunahme um 97%	Zunahme um 56%
Zement	Zunahme um 143%	Zunahme um 24%

E.

Mineralische Rohstoffquellen Kameruns

Das Deutsche Institut für Marktforschung teilte Mitte Dezember 1959 in einem Sonderheft „Cameroun" u. a. folgendes mit:

Mit einer Fläche von 438780 km^2 ist Kamerun etwa 4mal so groß wie die DDR. Bewohnt wird das Land von 3,2 Millionen Einwohnern, davon 16000 Europäern. Geologisch ist das Land sehr wenig erforscht, die vorliegenden topographischen Karten sind ungenau und vielfach veraltet. Geologische Karten liegen kaum vor.

Die in Mittelkamerun erkundeten Bauxitlagerstätten sind bedeutend. Ihr Tonerdegehalt beträgt 42%, entspricht also dem der Bauxite Guineas. Die wichtigsten Lagerstätten liegen 500 km von der Küste entfernt, so daß es bisher vorteilhafter ist, das Aluminiumwerk in Edéa mit Bauxit aus Guinea zu versorgen.

Die neuentdeckten Eisenerze bei Kribi werden von dem „Bureau Minier de la France d'Outre-Mer" zusammen mit der Montanunion näher erforscht. Aus den aufgeschlossenen Eisenquarziten lassen sich leicht Konzentrate mit 65% Fe-Gehalt gewinnen. Die Vorräte an Rutil in Seifenlagerstätten werden auf 50000 t geschätzt. 1955 waren über 100 t Rutil gefördert worden. Die Goldförderung am Oberlauf des Sanaga (Lom) zeigt eine stark fallende Tendenz. Bekannt sind weiter Vorkommen von Wolfram-, Mangan-, Molybdän- und Chromerzen, Columbit, Graphit, Asbest, Glimmer und Diamanten.

Bei Douala (dem Hafen mit 125000 Einwohnern) wurde eine Erdgassonde in 650 m Tiefe mit einer täglichen Förderkapazität von 5000 m^3 fündig. Das Gas soll der dortigen Zementfabrik zugeleitet werden. Auch bei Logbaba traf man in 1764 m Tiefe auf Erdgas. Die tägliche Förderkapazität dieses Gebietes soll etwa 1 Mill. m^3 Rohgas erreichen. Bereits 1956 wurde auch Erdöl in der Nähe von Suellaba an der Mündung des Wouri durch eine Erkundungsbohrung in wirtschaftlich gewinnbarer Menge nachgewiesen. Die drei Wärmekraftwerke von Jaoundé, Nkongsamba und Marua können jährlich 40 Millionen kWh liefern. Zwei Wasserkraftwerke bestehen bei Edéa (an den Sanagafällen) und bei Dschang. Das Kraftwerk Edéa wird auf eine jährliche Erzeugung von 1,35 Milliarden kWh bei einer Kapazität von 150000 kW erweitert. Aus 115000 t eingeführter Tonerde können dann in dem Aluminiumwerk bei Edéa 45000 t Aluminium erschmolzen werden. Im Bau befinden sich weiter Wasserkraftwerke bei Kribi (Lobefälle), bei Ngaoundéré (Vinafälle), bei Nkongsamba (Ekomfälle) und nördlich Jaounde (Sanagaschnellen).

E.

Glaziologische Grönlandforschungen

Einem Vortrag, den Prof. Dr. R. HAEFELI in der Zürcher Universität hielt, entnehmen wir über die internationale Grönlandexpedition:

Am 8. 4. 1959 sind 24 Wissenschaftler und 31 Techniker nach der Basisstation an der Westküste Grönlands abgereist (8 Geodäten, 4 Hydrologen, 3 Geophysiker, 9 Glaziologen).

Der grönländische Eisschild ist 2500 km lang und bis zu 1000 km breit. Das Eis hat eine durchschnittliche Mächtigkeit von 1500 m bei einer größten Mächtigkeit von ca. 3200 m. Das Eisvolumen beträgt 2,6 Mio km³. In Abständen von je 10 km werden auf einer West-Ost-Achse Schneepegel gebaut. Eine zweite Achse wird in der Nähe der Westküste über 300 km von N nach S gelegt. Die Beobachtungen werden Aufschluß über den jährlichen Firnzuwachs und Eisabtrag (Ablation), die Temperaturverteilung im Inlandeis, die Bewegungsgrößen und Bewegungsrichtungen, den Verlauf der Stromfäden und vieles andere ergeben.

Unter Leitung von W. BROCKAMP werden deutsche und französische Wissenschaftler durch seismische und gravimetrische Tiefenmessungen den Verlauf des Felsuntergrundes unter der Eisdecke klären. Die Morphologie und Struktur des Gesteinssockels sollen erforscht und seine Beziehungen zum kanadischen Schild untersucht werden.

Bei der Station Dumont wird von Schweizer Institutionen ein Schnee- und Eislaboratorium gebaut, in dem eine Temperatur von — 26° C herrschen wird. Man sucht über die sich ohne Schmelzprozesse bei tieferer Temperatur abwickelnde Umwandlung des Schnees über den Polarfirn in das erst in Tiefen von mehr als 100 m zu findende Polareis und über die im Laufe der Jahrtausende sich vollziehenden Metamorphosen des Polareises Klarheit zu gewinnen.

A. RENAUD (Lausanne) will durch Messung des Tritiumgehaltes Altersbestimmungen vornehmen. Dazu werden geschmolzene Firn- und Eisproben im Physikalischen Institut der Universität Bern sowie im Chemischen Institut der Universität Zürich elektrolytisch konzentriert und analysiert. Es ist wahrscheinlich, daß Eiskristalle von der zentralen Firnzone des Inlandeises in unmittelbarer Nähe der Felsunterlage einen Weg ins Meer zurücklegen, der mehr als 10 000 Jahre in Anspruch nimmt. Aufschlüsse über den kosmischen Staub früherer Zeiten hofft man durch chemische Untersuchungen von Proben der Eisberge zu erlangen. Es ist vorgesehen, radioaktive Abfälle im Zentrum der Eisschilder von Grönland, der Arktis und Antarktis zu deponieren. Man nimmt an, daß sie auf ihrem langen Migrationsweg bis zur Küste ihre Strahlungskraft verlieren, so daß sie dann ohne Bedenken dem Meer zugeführt werden könnten.

E.

Erdöl/Erdgas

Transeuropäische Erdölleitung

Bei der slowakischen Stadt Kralovske Chlemek war Anfang des Jahres der Bau der vom Wolgagebiet ausgehenden Erdölleitung in vollem Gange. Im April ist auch in Polen, auf dessen Territorium die Leitung 700 km lang sein wird, mit dem Bau begonnen worden. Man wird von polnischer Seite Spezialisten in die Sowjetunion schicken, die sich dort mit den modernen Methoden zur Verlegung von Erdölfernleitungen vertraut machen sollen. Auch in der Sowjetunion wurden die letzten Vorbereitungen für die Verlegung der transeuropäischen Erdölleitung getroffen. Sie wird die großen Flüsse Wolga, Don, Desna und Dnepr kreuzen. Der nach Polen und der DDR führende nördliche Zweig der transeuropäischen Leitung wird in Belorußland die Pinsker Sümpfe überqueren. Der südliche, nach Ungarn und der ČSR verlaufende Zweig wird über die Karpaten führen.

E.

Erdöl- und Erdgasförderung in der UdSSR

Republik	Förderung von Erdöl und Erdgas in % der gesamtsowjetischen Gewinnung			
	1958		1965 voraussichtlich	
	Erdöl	Erdgas	Erdöl	Erdgas
RSFSR	78,0	49,0	82,0	56,9
davon aus Sibirien	—	—	—	2,4
Aserbaidshan	14,0	16,0	9,3	7,7
Turkmenien	3,7	0,8	3,1	0,7
Kasachstan	1,2	0,2	1,2	0,04
Ukraine	1,0	33,5	2,5	21,0
Usbekistan	1,2	0,2	1,5	12,2
Kirgisien	0,4	0,04	0,4	1,4

(Aus: „Geologia nefti i gasa“ Nr. 6, 1959) E.

Erdöl und Erdgas in China

Im Jahre 1959 stieg die Rohölgewinnung Chinas um 63% auf 3,7 Mill. t.

Vor 1949 gab es in China nur 4 Erdöl- und 2 Erdgasgebiete von industrieller Bedeutung. Heute sind 32 Erdöl- und 18 Erdgaszentren erschlossen, davon wurden 72% in den beiden letzten Jahren erkundet.

Alle großen Ölgebiete verfügen über eigene Forschungsinstitute und modern ausgerüstete Laboratorien. Außerdem bestehen bei der Akademie der Wissenschaften ein Forschungsinstitut für Erdöl und ein Zentrales Entwurfsbüro für die Erschließung von Erdöllagerstätten. 5 Hochschulen und 19 Oberschulen beschäftigen sich vorrangig mit Geologie.

E.

Erdgas in Shanghai

Das vor etwa 2 Jahren in und bei Shanghai entdeckte Erdgas wurde Ende 1959 bereits aus etwa 2000 Bohrungen gewonnen. Von November 1958 bis Ende 1959 waren etwa 15 Mill. m³ gefördert und als Heizgas sowie zur Gewinnung von Chemikalien ausgewertet worden. Erdöl wurde in diesem neuen Erdgasgebiet bisher nicht angetroffen. In den Haushalten wird das Methan für Heiz-, Koch- und Beleuchtungszwecke verwendet, die chemische Industrie benutzt es als Grundstoff für die Herstellung von Ruß, Plasten, organischem Glas und anderen Produkten. E.

Erdgas im Buntsandstein

Im Emsland ist erstmalig eine Bohrung im Buntsandstein fündig geworden. Bisher waren nur Gasvorkommen aus dem Zechstein bekannt. Im nördlichen Teil des Gasfeldes Adorf traf nun die Bohrung Adorf Z 7 in der Bausandsteinzone des Buntsandsteins (Teufe 2145—2176 m) auf Gas, das einen Methangehalt von etwa 70% hat und frei von Schwefelwasserstoff und Kohlendioxyd ist. -Z-

Erdgas für Stadtversorgung

Mit Sitz in Düsseldorf wurde eine „Interessengemeinschaft Erdgas“ gegründet, der die Gasversorgungsunternehmen der Städte Düsseldorf, Köln, Krefeld, Duisburg, Bielefeld und die wirtschaftliche Vereinigung Deutscher Gaswerke (Frankfurt a. Main) angehören. Die Interessengemeinschaft wird die Planungen durchführen, die zu einem verstärkten Absatz von Erdgas in der Bundesrepublik führen sollen. Man denkt daran, das bisherige Stadtgas durch Erdgaszusatz zu verbessern sowie gleichzeitig reines Methan, das gegenüber dem Stadtgas ungiftig ist, der Bevölkerung zuzuführen. Man rechnet damit, daß die zu erwartenden niedrigen Erdgaspreise dazu führen werden, daß die Raumheizung durch Gas, vor allem in den Haushaltungen, stark ansteigen wird.

Der Industriekurier Düsseldorf vom 7. 1. 1960 meint dazu: „Auf Grund eingehender geologischer Untersuchungen ist anzunehmen, daß künftig aus deutschen Vorkommen reichlich Erdgas zur Verfügung stehen wird.“ E.

Neue Erdölfelder im Iran

Ende des Jahres 1959 wurden zwei neue Erdölfelder im Iran erschlossen. Die Bohrung Binak 1 wurde 30 km von der Küste des Persischen Golfes entfernt und nordwestlich des Hafens Ganaweh auf der Kuh-i-Bang-Struktur in 3298 m Teufe aus einem Kreidehorizont eruptiv fündig. Förderversuche ergaben eine Produktion von 600—850 tato Rohöl.

Östlich von Kum bei Saradjeh wurde eine Erkundungsbohrung in 2600 m Teufe mit einer Förderung von 400 tato eruptiv fündig. E.

Erdöl in Libyen

Von dem Erdölfeld Zelten wird eine 160 km lange Leitung mit einem Rohrdurchmesser von 75 cm zum Mittelmeer gebaut. Projektiert ist, die Leitung Ende 1961 in Betrieb zu setzen. Nach bisherigen Schätzungen erwartet man, bis 1965 pro Jahr 50 Mill. t Rohöl durch die neue Leitung transportieren zu können. Bisher sind in Zelten 3 Bohrungen fündig geworden. Nach den bisherigen Testen rechnet man damit, daß die Sonde Zelten 1840 000 jato, die Sonde Zelten 2 etwa 600 000 jato und die Sonde Zelten 3 etwa 75 000 jato ausbringen wird. Mit weiteren Bohrungen ist begonnen worden. E.

Erdöl in der Mali-Föderation

Am 17. Januar 1960 wurde die erste Erkundungsbohrung in Senegal erdölfündig. Dies teilte Mamadou Dia, der Ministerpräsident von Senegal und gleichzeitig Stellvertretender Regierungschef der Föderation von Mali (Senegal und französischer Sudan), in Paris mit. Er wies in diesem Zusammenhang darauf hin, daß man bei der Erdölsuche in Westafrika noch auf größte Überraschungen gefaßt sein müsse. Es gäbe im sudanischen Gebiet der Mali-Föderation geologische Strukturen, die völlig den von Hassi Messaoud (Algerien) gleichen. Soweit bekannt ist, liegt die erste fündig gewordene Erdölerkundungsbohrung der Mali-Föderation etwa 30 km von der am Atlantik liegenden Hafenstadt Dakar entfernt.

Erfolgreiche argentinische „Erdölschlacht"

Staatspräsident FRONDIZI machte im November 1959 Angaben über die bisherigen Erfolge der von ihm eingeleiteten „Erdölschlacht".

Erdölverbrauch, Förderung und Einfuhr entwickeln sich in Argentinien folgendermaßen (Mill. t):

Erdölverbrauch		Argentinische Erdölförderung	Erdöleinfuhr nach Argentinien
1957	15,3	5,4	9,9
1958	16,0	5,65	10,35
1959	15,8	7,2	8,6
1960 (Schätzungen)	15,0	11,0	4,0
1961 (Schätzungen)	15,0	15,0	–

Der Erdölverbrauch geht infolge erhöhten Erdgasverbrauchs etwas zurück.

Buenos Aires erhöhte seinen Erdgasbezug aus der Lagerstätte Salta von täglich 1 Mill. seit Anfang 1960 auf 8 Mill. m³. Die Gasgewinnung aus importierter Kohle wird daher in Buenos Aires völlig eingestellt. Der Staatspräsident gab die als sicher erkundeten Vorräte auf 600 Mrd. m³ an. Ab 1962 wird Argentinien in die Lage versetzt sein, Erdölderivate und Erdgas zu exportieren. Es laufen bereits Verhandlungen, um Methan durch eine Fernleitung aus dem Gasgebiet von Salta nach dem chilenischen Industriegebiet Antofagasta zu liefern. E.

Heizöl in den USA

Der prozentuale Heizölverbrauch geht in den USA zurück. 1957 wurden 60% des Heizöls für Haushaltszwecke verwendet. 44% der Haushalte heizten damals mit Heizöl, 23% mit Kohle und 33% mit Gas. Heute wird in den USA, vor allem in den ländlichen Bezirken, mehr Flüssiggas als Heizöl für den Hausbrand verbraucht. Nach Schätzungen der amerikanischen Heizölindustrie wird sich der Anteil der Brennstoffe an der Wohnraumbeheizung bis 1967 etwa wie folgt verändern: Kohlefeuerung von 23 auf 5% absinkend, Ölfeuerung von 44 auf 47% und Gasheizung von 33 auf 48% ansteigend. Erdgas drängt das Heizöl zurück, da es gleichzeitig Koch- und Heizwärme liefert, Heizöl sich aber für Kochzwecke nicht eignet. Bei Neubauten in Portland (Oregon) entfallen gegenwärtig 75—90% der Heizanlagen auf Gas, während vor 10 Jahren 75—90% auf Ölheizung entfielen. Vom gesamten Heizverbrauch entfallen z. Z. 25% bis 30% auf Öl, 50—55% auf Gas und 15% auf Strom. In stromgünstigen Gebieten werden bereits 40% der Neubauten mit elektrischer Heizung ausgerüstet. In den amerikanischen Haushaltungen lehnt man das Heizöl wegen der Geruchs- und Geräuschbelästigung durch die Ölbrenner, die außerdem noch oft repariert werden müssen, wegen der Rußbildung und schwierigen Lagerung mehr und mehr ab. Alles in allem befindet sich die Heizölwirtschaft der USA in einer ähnlichen kritischen Lage wie der Kohlenabsatz für Hausbrandzwecke in einigen europäischen Ländern. E.

Kohle

Polnische Steinkohlenförderung

In den polnischen Kohlengruben sind 1959 99,1 Mill. t gefördert worden. Damit lag die Produktion um 4 Mill. t höher als im Vorjahr. 33,6% der Gesamtförderung wurden mechanisch abgebaut, 22,4% mechanisch verladen. Die Arbeitsproduktivität je Arbeiter und Schicht erreichte 1372 kg. Polen besitzt z. Z. 82 Steinkohlengruben. Seit Beendigung des Krieges wurden 7 moderne Gruben in Betrieb genommen, 5 weitere befinden sich im Bau. E.

Neuartige Kohlenverwertung

In den USA haben sich die Wärmekraftwerke zum größten Abnehmer für Feuerungskohlen entwickelt. Von 1945—1958 stieg ihr Bedarf an Feuerungskohle von 72 auf 153 Mill. metrische t. Gleichzeitig fiel der Verbrauch an Feuerungskohle bei den Eisenbahnen von 125 auf weniger als 4 Mill. t. Ursache hierfür war der starke Einsatz von Dieselloks. Neuerdings wird die Diesellokomotive von der elektrischen verdrängt. Der für diese benötigte Kraftstrom wird aber in immer stärkerem Maße aus Feuerungskohle hergestellt, so daß indirekt durch Darbietung veredelter Energie die Steinkohle wieder an Terrain im Transportwesen gewinnt. Augenblicklich versuchen die Kohlenproduzenten, durch die Entwicklung einer mit Kohlenstaub betriebenen Gasturbine weiteren Einfluß zu erlangen.

Ferner verdrängt Straßenbelag aus Kohle zusehends den Asphalt. Nach den neuesten Versuchen hat Straßenbelag aus Steinkohle die vierfache Lebensdauer gegenüber dem üblichen Asphaltbelag. Man rechnet für eine Meile Autostraße bei vier Fahrwegen mit einem Verbrauch von etwa 2000 t Steinkohle. Damit eröffnet sich ein neues bemerkenswertes Absatzgebiet für sonst schwer marktgängige Steinkohlen- und Anthrazitqualitäten. E.

NE-Erze

Erschließung bulgarischer Kupfervorkommen

Ein Vertrag zwischen Bulgarien und der ČSR legt eine gemeinsame Erschließung der bulgarischen Kupfererzvorkommen fest. Die ČSR liefert auf Kredit, den Bulgarien in Form von Elektrolytkupfer, Kupferhalbzeugen und Kupfererzeugnissen zurückzahlen wird, die Einrichtungen für den Kupfertagebau, die Aufbereitungsanlage und den Aufbau einer Kupferhütte. Das gesamte Projekt soll bis 1963 aufgebaut sein, doch soll bereits 1962 eine Erzförderung von 1,5 Mill. t erreicht werden. Z.

Neues kanadisches Wolframvorkommen

Im Norden Kanadas wurde im Gebiet zwischen dem South-Nahanni-River und der Grenze des Yukon-Territoriums das vermutlich größte Wolframvorkommen der westlichen Welt entdeckt, das bereits ab 1961 abgebaut werden soll. Die Erzvorräte schätzt man auf 1 Mill. t mit einem Gehalt von 22500 t reinem Wolfram. Da sich das Erzlager abseits jeglicher Verkehrsverbindungen befindet, aber pro t verarbeitetes Erz ein Gewinn von 1190 $ erzielt werden kann, hält man eine Beförderung des Wolframkonzentrates per Flugzeug — bisher wurden in Kanada nur Urankonzentrat und Gold auf diese Weise transportiert — für lohnend. Z.

Edelmetalle und Edelsteine

Goldproduktion Südafrikas

Der Wert der jährlichen Goldförderung in Südafrika, der gegenwärtig 250 Mill. Pfund Sterling beträgt, soll in den nächsten Jahren noch mehr gesteigert werden. Die alten großen Goldminen am Witwatersrand stellen zwar langsam ihre Förderung ein, aber trotzdem wird sich durch neue Goldminen, die Regierung gewährt für die ersten Jahre der Produktion Steuerfreiheit, die Goldgewinnung vergrößern. So nehmen im Oranje-Freistaat die zwei neuen Minen „Free State Saaiplaas" und „Riebeeck Mine" im nächsten Jahr die Produktion auf. Neben der größten Goldmine Südafrikas „West Driefontein" bei Ventersdorp/Transvaal werden ebenfalls noch zwei weitere errichtet. Auch in der „Central Area" sollen auf Grund der hohen Förderziffern von „Free State Geduld", „Western Holdings", „President Brand", „St. Helena" und „Harmony" weitere Goldminen entstehen. Z.

Sibirische Diamantenreviere

Die in den letzten 2 Jahren im Raum von Mirni im südlichen Teil der jakutischen Sowjetrepublik am Flusse Wilui entstandene Stadt hat schon fast 10000 Einwohner. Es entsteht hier ein sowjetisches Zentrum zur Verarbeitung der sibirischen Diamanten. Es ist beabsichtigt, die Diamantförderung bis 1964 auf das 16fache der Gewinnung von 1958 zu bringen. Im Raum zwischen den Flüssen Lena und Jenissei wurden mehrere hundert Diamantfelder gefunden, deren größtes das Mirnigebiet ist. 450—500 km nördlich von Mirni befindet sich das zweitgrößte Diamantenrevier Udashnoja. E.

Salze, Steine, Erden

Internationales Schwefelinstitut

Das Mißverhältnis zwischen Produktion und Verbrauch, der beträchtliche Sturz der Weltpreise für Schwefel, die Schwefelproduktion in Frankreich und das Auffinden neuer Schwefelvorkommen in Kanada und Polen waren die Gründe, die im Mai 1959 auf der Tagung der Schwefelproduzenten aus der ganzen Welt in Paris zum Beschluß der Gründung eines „Internationalen Institutes für Schwefel" mit dem Sitz in New York führten. Dieses Institut soll neue Anwendungs- und Verbrauchsmöglichkeiten für Schwefel erforschen, so daß die Lage auf dem kapitalistischen Schwefelmarkt wieder normalisiert werden kann.

Die Produktionsziffer für Schwefel, die höher liegt als z. Z. der Verbrauch (15,5 Mio t Schwefel pro Jahr), wird durch die neuen Schwefelvorkommen in Kanada und die Schwefelgewinnung in Frankreich aus dem Erdgas von Lacq noch bedeutend erhöht werden. Der Verbrauch an Schwefel weist in den letzten Jahren jedoch nur eine jährliche Steigerung von 3—4% auf. Im Zusammenhang damit steht der Preissturz von 31 Dollar pro t im Jahre 1954 auf 25 Dollar im Jahre 1958.

Das bisherige Schwefeleinfuhrland Frankreich hat sich zu einem Schwefelproduzenten, der nicht nur den Eigenbedarf (250000 t Rohschwefel) decken kann, sondern auch den westeuropäischen Markt mit Schwefel beliefern könnte, entwickelt. Frankreich ist praktisch zum zweiten Schwefelproduzenten der Welt (hinter den USA) geworden. Es wird in Lacq 1960 mit einer jährlichen Produktionskapazität von 1400000 t die fast $^1/_{10}$ des gegenwärtigen Weltverbrauches entspricht, die modernste Schwefelproduktion der Welt besitzen. Der Wert des in Frankreich gewonnenen Schwefels betrug 1958 schon 16 Milliarden Franc und soll sich 1960 auf 25 Milliarden Franc und 1961 auf 50 Milliarden Franc steigern.

Man hofft nun, den französischen Schwefel in Westeuropa absetzen zu können. Günstig gegenüber den z. Z. noch den Schwefelmarkt beherrschenden und kontrollierenden Konkurrenten in den USA und Mexiko ist die geographische Nähe zum europäischen Markt, die auch für die Verbraucher Vorteile bietet (z. B. durch Verkürzung des Seeweges Teillieferungen, so daß Lagerräume und Lagerungsunkosten gespart werden können). Z.

Jugoslawischer Schwerspatexport

Jugoslawien kann infolge der reichen Schwerspatvorkommen und der hohen Förderkapazität jährlich etwa 100000 t Schwerspat exportieren. Die Gruben in Kresevo und Tarcin haben z. B. eine Kapazität von über 36000 t. Die Reinheit des Schwerspats beträgt 90—98%. Die Standardqualitäten liegen jedoch bei 92% und 94% $BaSO_4$. Z.

Das Porensinter- (Blähtonschiefer-) Werk

Das Porensinter-(Blähtonschiefer-)Werk in Unterloquitz, Kr. Saalfeld, ist seit $1^1/_2$ Jahren in Betrieb und erzeugt aus Tonschieferabfällen bei der Dachschieferherstellung ein schaumig aufgeblähtes Gut, das in Drehöfen normaler Bauart mit Kohlenstaubfeuerung bei einer Arbeitstemperatur von etwa 1100° entsteht und als Leichtbau-Zuschlagstoff verwendet wird.

Bisher mußten bei einer Gewinnung im Tagebau etwa 95% und bei untertägiger Gewinnung etwa 90% der bewegten Massen auf Halde gestürzt werden. Im Werk Unterloquitz wurde jedoch die Ausbeute von 10% auf 15—18% erhöht. Die seit 1925 betriebene Herstellung von Schiefermehl und Splitt war nur eine geringe Teillösung des alten Problems, besonders, nachdem sich die Schiefermehlerzeugung immer mehr auf die Dachschieferzone der Phycoden-Schichten verlegte. Die Schiefergrube „Glückauf" in Unterloquitz, z. Z. die zweitgrößte in Thüringen, bot auf Grund der umfangreichen, noch nicht vollständig erkundeten, aber weitgehend aufgeschlossenen Lagerstätte für die Errichtung eines Porensinter-Werkes günstige Voraussetzungen.

Als beste Rohstoffe haben sich die „hellblauen" Schiefersorten erwiesen, minder gut die „dunkelblauen", ganz schlecht die „Ruß"- und Alaunschiefer.

Eine allseitig anerkannte Theorie des Blähvorganges scheint noch nicht zu bestehen. Anscheinend spielten die Serizite, die ja die schiefrige Textur bedingen, eine wichtige Rolle, und diese sind ja auch in den „blauen" Schiefern besonders engscharig bei der Verglimmerung der Tonminerale anläßlich des eigentlichen Schieferungsvorganges ausgebildet worden. Allerdings sind die dunklen Sorten auch kräftig geschiefert, doch scheint der feinstverteilte Kohlenstoff und der Pyrit ungünstige Reaktionen auszulösen.

Am besten bläht bergfrisches Material. Solches, das länger auf der Halde lag, zerfällt im Ofen. Es ist das ähnlich wie in der Dachschieferfertigung, wo man frischgewonnenes Gestein verarbeiten muß. Auch hier scheinen die Glimmer die Hauptrolle zu spielen.

Ebenfalls vorzügliche Bläheigenschaften zeigen die petrographisch den Dachschiefern ähnlichen Griffelschiefer des thüringischen Ordoviziums. Sie geben infolge ihrer natürlichen Absonderungsform ein kubisch geblähtes Sintergut, während die Dachschiefer ihre plattige Form nie ganz verleugnen können.

Porensinter mit einem Litergewicht von etwa 0,7 kg wird in 3 Fraktionen von 3—30 mm Körnung abgesiebt. Er wird fast ausschließlich von der Beton- und Baufertigteile produzierenden Industrie aufgenommen und ist damit heute von erstrangiger Bedeutung. Das Werk Unterloquitz ist für eine Mindestproduktion von 60000 m³ jährlich vorgesehen.

Heinz Pfeiffer

Bergbau- und Bohrtechnik

Tauchspulengeophon mit tiefer Eigenfrequenz für seismische Messungen

Bei einem Geophon für die Messung seismischer Bodenschwingungen, insbesondere für Refraktionsmessungen kommt es darauf an, daß es eine sehr niedrige Eigenfrequenz und gute Dämpfung besitzt, so daß sich eine hohe Empfindlichkeit für die tiefen Frequenzen seismischer Bodenschwingungen ergibt. Die bisher bekannten Geophone erfüllen nur bis zu einem gewissen Grad diese Forderungen. In einer westdeutschen Patentanmeldung wird zur Lösung dieser Aufgabe die Konstruktion eines Tauchspulengeophons beschrieben. Es besitzt einen Schwingarm, der durch ein Gelenk mit der Ruhemasse des Geophons verbunden ist und eine träge Masse trägt. Zur Steigerung der Relativbewegungen zwischen Tauchspule und Magnettopf ist die träge Masse hebelartig auf dem Schwingarm zwischen seinem Drehpunkt und dem anderen, die Tauchspule tragenden Ende angeordnet. Der Schwingarm ist mit dem freien Ende einer an der Ruhemasse des Geophons befestigten, als Direktionskraft dienenden Torsionsfeder verbunden. Infolge dieser Maßnahmen werden die durch äußere mechanische Schwingungen entstandenen Relativbewegungen zwischen Geophongehäuse und Schwingmasse durch Hebelwirkung vergrößert auf das Tauchspulensystem übertragen, so daß die Meßempfindlichkeit und die Dämpfung des Gerätes entsprechend der Hebelwirkung vervielfacht wird. Außerdem wird das Schwingsystem des Geophons durch die Torsionsfeder, die gemäß der Erfindung als eine auf Torsion beanspruchte Spiralfeder ausgebildet ist, so beeinflußt, daß die Eigenfrequenz des Gerätes sehr tief liegt und weniger als 3 Hz beträgt.

Auf dem Gehäusesockel (1) sind der Magnettopf (2) und die Tragstütze (3) fest angeordnet. Mit der Tragstütze (3) ist durch ein dünnes Stahlblech (4) der aus U-förmigem Aluminiumblech oder einem anderen Leichtmetall bestehende Hebelarm (5) mit dem einen Ende gelenkartig verbunden. Am anderen Ende des Hebelarmes (5) ist der gegebenenfalls ebenfalls aus Aluminium bestehende Tauchspulenträger (6)

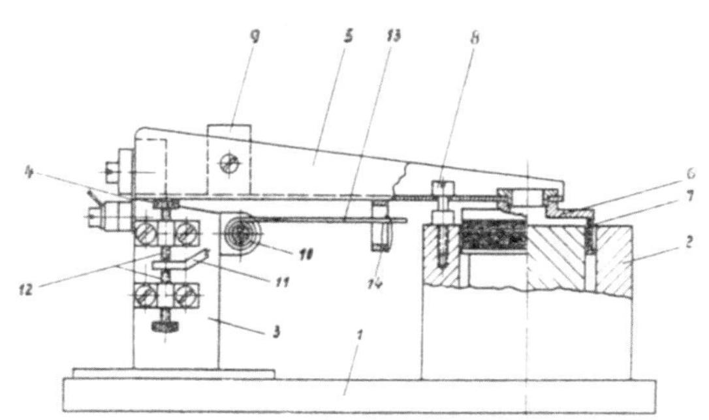

starr befestigt, dessen Tauchspule (7) in den Ringspalt des Magnettopfes (2) eintaucht. Zur Begrenzung der Ausschläge zwischen Magnettopf (2) und Tauchspule (7) dient die Einstellschraube (8). Im Abstand von etwa einem Viertel der Länge des Hebelarmes (5) von seinem Drehpunkt ist das als träge Masse wirkende Bleigewicht (9) angebracht. Bei Erschütterung des Gerätes werden die vertikalen Ausschläge der Tauchspule (7) durch die Wirkung des längeren Hebelarmes etwa viermal größer als die der trägen Masse (9). In gleichem Maße steigert sich natürlich die Meßempfindlichkeit des Gerätes und die Dämpfung der Spulenbewegung durch Wirbelstrombildung. An der Tragstütze (3) ist eine auf Torsion beanspruchte Feder (10) angeordnet, die mit ihrem einen Ende (11) durch die Einstellschraube (12) einstellbar befestigt ist, während das andere längere Ende (13) im Galgen (14) des Hebelarmes (5) in einer Fadenschlinge reibungsfrei aufgehängt ist. Die Justierung der Nullage der Tauchspule erfolgt mühelos durch Nachstellen der Einstellschrauben (12). Die Funktion der Spiralfeder (10) ist ohne weiteres verständlich. Sorgt man dafür, daß die Eigenmasse der Tauchspule (7) relativ zum Bleigewicht (9) gering bleibt, so ist man bei geeigneter Wahl der Spiralfeder (10) und entsprechender Einstellung ihrer Federenden ohne weiteres in der Lage, die Eigenfrequenz des Gerätes auf weniger als 3 Hz und die Meßempfindlichkeit auf 2,5 Volt/cm/sec zu halten. Fr.

Sonstiges

Aus dem Wissenschaftlich-Technischen Kabinett

Am 20. Januar 1960 fand im Zentralen Geologischen Dienst, Berlin, eine Arbeitstagung des Wissenschaftlich-Technischen Kabinetts statt, auf der Herr Prof. Dr. KAUTZSCH über die „Schaffung metallogenetischer Karten" auf dem Gebiet der Deutschen Demokratischen Republik referierte und erste Vorschläge entwickelte.

Der Direktor des ZGD, Dipl.-Berging. STAMMBERGER, wies in seinen einleitenden Worten eindringlich darauf hin, daß die Schaffung solcher metallogenetischer Karten, die prognostische Karten zum Aufsuchen verdeckter Lagerstätten darstellen, für unsere Erkundung dringend notwendig sind, daß sie letztlich die wissenschaftliche Grundlage für unsere künftige Arbeit darstellen.

In der anschließenden sehr gründlichen Diskussion setzten sich die Anwesenden mit der Grundkonzeption zur Schaffung solcher Karten auseinander und stellten den Unterschied zwischen den Auffassungen der westlichen Welt (Blondel/Petraschek), die im wesentlichen nur geologische Lagerstättenkarten anfertigen, und denen des sozialistischen Lagers unter Führung der sowjetischen Geologen heraus.

Die Diskussion gipfelte in der Feststellung, daß die Schaffung solcher Karten unbedingt notwendig ist, daß ihre Schaffung jedoch die Mitarbeit aller geologischen Institutionen der DDR erfordert.

Die organisatorische Vorbereitung wurde vom ZGD übernommen. BACH

Sowjetische Freunde ausgezeichnet

In Moskau wurden Anfang Januar im Auftrage der Regierung der DDR von Botschafter RUDOLF DÖLLING A. A. WASSILJEW, Chefbohringenieur der Hauptverwaltung Gas der UdSSR, J. A. GELFGOT, Chefbohringenieur des Wissenschaftlichen Komitees beim Ministerrat der RSFSR, und G. M. MAMIKONJANZ, Leiter der Abt. Feuerbekämpfung im Ministerium des Innern der RSFSR, mit dem Orden „Banner der Arbeit" ausgezeichnet. Die drei sowjetischen Freunde hatten wesentlichen Anteil an der Schließung der Erdgassonde bei Marolterode[1]).

---

[1]) s. auch unseren Bericht in Bd. 5, H. 12, S. 610

Kurznachrichten

Bei **Klein-Burgwedel,** etwa 20 km von Hannover entfernt, hat man in 1700 m Tiefe ein **neues Erdgasvorkommen** angefahren, dessen Vorräte etwa 2 Mrd m³ umfassen. Es ist beabsichtigt, das Gas, das einen Druck von 200 at aufweist, mit eigenem Druck durch eine Fernleitung der Raffinerie in Hannover-Miesburg zuzuleiten.

Im Save-Tal wurde das reichste **Erdölvorkommen Jugoslawiens** entdeckt. Bei einer Förderung von 900000 t im Jahre 1960 und von 1200000 t im Jahre 1961 wird Jugoslavien dann nicht mehr auf den Import von Rohöl angewiesen sein.

19 Tage braucht das **Erdöl,** um in den Ölleitungen die 660 km lange Strecke von **Hassi Messaoud** (Sahara) nach Bougie (algerische Küste) zurückzulegen, wo es zunächst in 8 Behältern mit je 35000 m³ Fassungsvermögen aufgenommen werden kann.

Auf dem rechten Ufer des **Rio Colorado** (argentinische Provinz Rio Negro) wurde in 460 m Teufe **Erdgas** angefahren; die erste Sonde kann 60000 m³ pro Tag ausgeben. Südlich des Erdölgebietes von Comodore Rivadavia (Provinz Santa Cruz) wurden 2 Erkundungssonden mit 60 bzw. 92 m³ Rohöl je Tag fündig.

Die **Ölreserven** von **Syrien** werden z. Z. auf 130 Mio t geschätzt. Zu den vier vorhandenen Sonden im Gebiet von Karatschok, Nordsyrien, sollen 1959/1960 noch weitere vier niedergebracht werden.

In Karsal, **Pakistan,** wird in Kürze die Tagesproduktion von **Erdöl** 130—160 m³ betragen. Damit steigert sich die pakistanische Erdölproduktion, die jetzt bei rd. 900 m³ liegt, um 15 bis 18%. Durch weitere Bohrungen in Karsal besteht die Möglichkeit einer Erhöhung der Produktion um 50%.

Europas größtes **Eisenerz-Aufbereitungs-Kombinat** mit einer Kapazität von 4,5 Millionen jato Eisenkonzentraten wurde in Kriwoi Rog fertiggestellt. Bis 1965 sollen im gleichen Revier 4 weitere Kombinate dieser Art gebaut werden. Alle Produktionsprozesse sind mechanisiert. Eine Kontrolle der Erzbeschickung erfolgt mit Hilfe radioaktiver Isotope.

Bis 1961 sollen im Gebiet von **Sczęstochowa** (Tschenstochau) 6 neue Erzgruben in Betrieb genommen werden, die die polnische **Eisenerzförderung** um 40% steigern. Die erste Grube mit einer jährlichen Förderkapazität von 240000 t hat bereits die Förderung aufgenommen.

Eine Steigerung der **Kupfergewinnung** von jetzt 485000 t auf 680000 t im Jahre 1963 ist von der **chilenischen** Regierung geplant. 1958 wurden 232647 t Kupfer an die USA, 77452 t an Großbritannien, 68738 t an Westdeutschland und 25535 t an die Niederlande geliefert.

In **Jugoslawien** wurden bei Majdanpek weitere **Kupfer-Lagerstätten** mit wenigstens 2 Mill. t Kupfererz und bei Trepca neue **Blei-Zink-**Lagerstätten mit etwa 2,15 Mill. t Erz, die schätzungsweise 150000 t reines Blei und 120000 t Zink enthalten, entdeckt.

Ein auf 826000 t mit einem Mangangehalt von 48% und auf 1188000 t mit einem Mangangehalt von 44,5% geschätztes **Manganerzvorkommen** wurde 40 km von Grand-Lehou **(Elfenbeinküste)** festgestellt. Nach Erschließung dieses Vorkommens, die ersten Exporte sollen Anfang 1960 stattfinden, will man jährlich 100000 t Erz mit einem Gehalt von 48% fördern.

Indonesien liefert jährlich etwa 230000 metrische t **Bauxit** an Japan. Die Hauptbauxitgruben befinden sich auf den indonesischen Inseln Bitan und Sinkep in Ostsumatra.

Herausgeber: Staatliche Geologische Kommission und Zentrale Vorratskommission für mineralische Rohstoffe der Deutschen Demokratischen Republik. Chefredakteur: Prof. Dr. Erich Lange, Berlin. Redaktion: Berlin N 4, Invalidenstraße 44. Verlag: Akademie-Verlag GmbH, Berlin W 1, Leipziger Straße 3—4 (Fernsprecher 220441, Postscheckkonto: Berlin 35021). Bestellnummer des Heftes 1047/6/5. Die „Zeitschrift für angewandte Geologie" erscheint monatlich. Bezugspreis 2,— DM je Heft. — Satz und Druck: Druckhaus „Maxim Gorki", Altenburg. Veröffentlicht unter der Lizenznummer ZLN 5008 des Ministeriums für Kultur, Hauptverwaltung Verlagswesen. Karten: MdI der DDR Nr. 5452, 5497, 5521/K 11.
Printed in Germany

ROW Rathenow

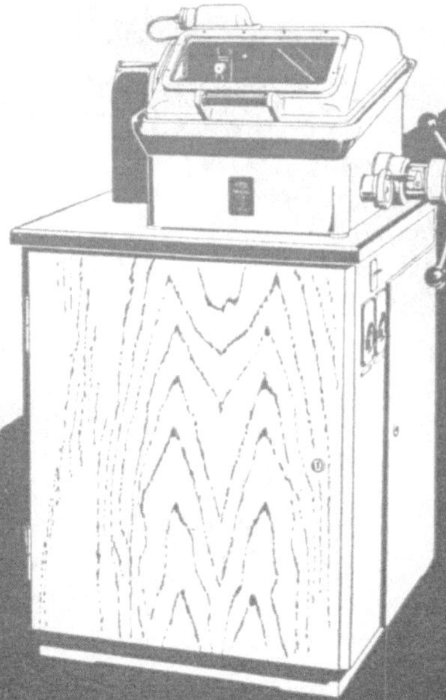

MINOSECAR FR-Z

zum Trennen von Gesteinen bis 85 mm ∅ in jeder gewünschten Schnittebene sowie in parallele und dünne Scheiben. Größte abzutrennende Länge etwa 80 mm. Stücke bis 170 mm Länge einspannbar.

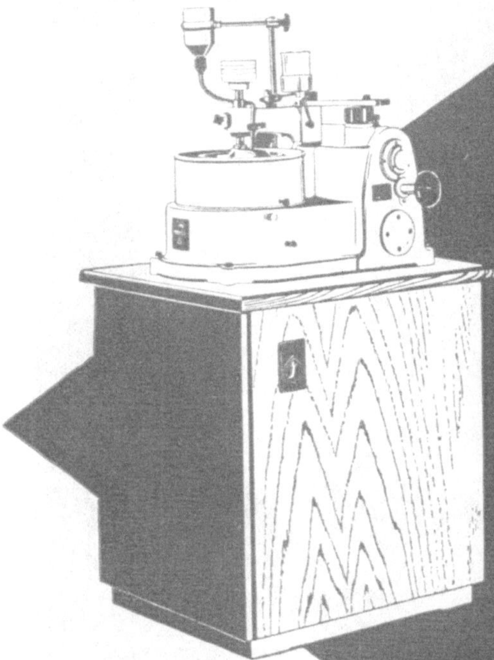

NEOSUPAN FR-X

zur mechanischen Herstellung von etwa 15 mineralogischen Dünnschliffen bis etwa 25 μm Dicke, so daß zeitraubende Handarbeit nahezu gänzlich entfällt.

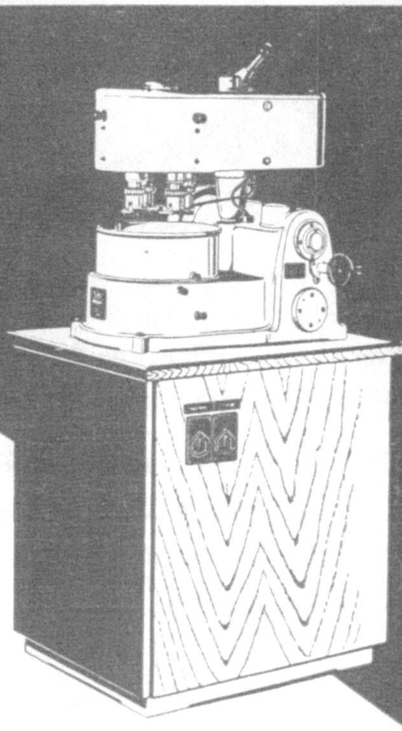

NEOSUPAN FR-Y

zur mechanischen Herstellung von sehr reliefarmen Anschliffen. Entweder 8 Proben in Ringen 35 mm ∅ oder 4 Proben in Ringen 100 mm ∅ lassen sich gleichzeitig bearbeiten.

Exportinformationen:
WMW-Export, Berlin W 8, Mohrenstraße 61
Deutsche Demokratische Republik

VEB RATHENOWER OPTISCHE WERKE · RATHENOW

FSC
www.fsc.org
MIX
Papier | Fördert
gute Waldnutzung
FSC® C083411

Zeitfracht Medien GmbH
Ferdinand-Jühlke-Straße 7
99095 Erfurt, Deutschland
produktsicherheit@kolibri360.de